多相流旋转耦合场制备 Si_3N_4 颗粒雾化过程流场分析

廖达海　宁　翔　吴南星　著

北京工业大学出版社

图书在版编目(CIP)数据

多相流旋转耦合场制备Si3N4颗粒雾化过程流场分析 / 廖达海，宁翔，吴南星著. — 北京 : 北京工业大学出版社，2020.10

ISBN 978-7-5639-7683-6

Ⅰ. ①多… Ⅱ. ①廖… ②宁… ③吴… Ⅲ. ①氮化硅陶瓷—制备 Ⅳ. ①TQ174.75

中国版本图书馆CIP数据核字(2020)第196100号

多相流旋转耦合场制备Si_3N_4颗粒雾化过程流场分析
DUOXIANGLIU XUANZHUAN OUHECHANG ZHIBEI Si_3N_4
KELI WUHUA GUOCHENG LIUCHANG FENXI

著　　者:廖达海　宁　翔　吴南星
责任编辑:贺　帆
封面设计:王　茜
出版发行:北京工业大学出版社
(北京市朝阳区平乐园100号　邮编:100124)
010-67391722(传真) bgdcbs@sina.com
经销单位:全国各地新华书店
承印单位:国铁印务有限公司
开　　本:787毫米×1092毫米　1/16
印　　张:8.25
字　　数:152千字
版　　次:2021年10月第1版
印　　次:2021年10月第1次印刷
标准书号:ISBN 978-7-5639-7683-6
定　　价:56.00元

前　　言

Si_3N_4 轴承具有耐高温、抗磨损、防腐蚀、密度低、绝缘好、磁性弱等优点，在导弹动力装置、火箭引擎动力器、航天卫星动力系统、直升机发动机、核工程动力装备等极严酷苛刻条件中具有无可比拟的优越性。但 Si_3N_4 轴承滚子存在微型空隙、晶界玻璃相，导致 Si_3N_4 轴承失效模式、抗冲击能力降低。而 Si_3N_4 轴承滚子微型空隙、晶界玻璃相的形成与热等静压成形的 Si_3N_4 轴承滚子粉粒性能有本质关联性，其产生的核心问题在于单体粉粒组分不均、单体粉粒硬度过大及多体粉粒级配过小。因此，Si_3N_4 轴承滚子粉粒合成机理成为改善 Si_3N_4 轴承抗弯强度、断裂韧性的热点与难点。

本书稿深入地阐述了多相流旋转耦合场制备 Si_3N_4 颗粒的雾化过程，同时重点对雾化喷嘴结构与多相流旋转耦合场制备 Si_3N_4 颗粒的雾化效果进行了详细、系统的论述。第 1 章阐述了 Si_3N_4 陶瓷、粉体制备的研究背景，提出采用多相流旋转耦合场制备 Si_3N_4 颗粒。第 2 章剖析多相流旋转耦合场制备 Si_3N_4 颗粒的黏结液雾化过程数值模拟理论，基于 VOF 方法研究不同结构参数的雾化喷嘴内空气-黏结液气液两相流的相互作用，采用 realizable k-ε 模型模拟计算黏结液在不同结构参数的雾化喷嘴内部的湍流状态，建立黏结液雾化过程数学模型模拟黏结液在喷嘴内部的三维运动特性。第 3 章探究喷嘴入口结构对多相流旋转耦合场制备 Si_3N_4 颗粒的黏结液雾化过程的影响，对多相流旋转耦合场雾化喷嘴入口结构进行设计，采用单因素变量法，分析喷嘴切向入口数目和切向入口倾斜角度对多相流旋转耦合场制备 Si_3N_4 颗粒的黏结液雾化过程的影响，根据黏结液体积分数云图、黏结液速度云图和压力云图对黏结液雾化效果进行分析，根据黏结液的雾化效果，择选出雾化性能较优的雾化喷嘴。第 4 章探索喷嘴旋流室结构对多相流旋转耦合场制备 Si_3N_4 颗粒的黏结液雾化过程的影响规律，对上述步骤择选出的多相流旋转耦合场雾化喷嘴的旋流室结构进一步设计，采用单因素变量法，分析喷嘴旋流室高度和旋流室内径对多相流旋转耦合场制备 Si_3N_4 颗粒的黏结液雾化过程的影响，从黏结液的旋流强度、喷嘴出口附近处形成的负压、空气芯平均直径、雾化锥角和喷嘴出口处的黏结液速度五个方面，得到喷嘴旋流室结构参数对黏结液雾化效果的影响规律。第 5 章解释喷嘴出口结构对多相流旋转耦合场制备 Si_3N_4 颗粒的黏结液雾化过程的影响规律，在雾化喷嘴的入口结构和旋流室结构优化的基础上，继续对多相流旋转耦合场雾化喷嘴的出口结构进行设计，应用单因素控制变量法，进一步分析喷嘴出口形状和出口内径对多相流旋转耦合场制备 Si_3N_4 颗粒的黏结液雾化过程的影响，根据黏结液在喷嘴的内外流场特征，分析黏结液在不同出口结构的喷嘴的雾化效果，得到喷嘴出口结构对黏结液雾化效果的影响规律。第 6 章对多相流旋转耦合场制备 Si_3N_4 颗粒的黏结液雾化过程数值模拟进行实验验证，自行搭建多相流旋转耦合场雾化检测平台，测量黏结液从四种不同出口内径的喷嘴喷出形成的雾化锥角，并利用多相流旋转耦合场制粒装置制备 Si_3N_4 颗粒，通过水分测试仪测得 Si_3N_4 颗粒的含水率，利用扫描电子显微镜测得 Si_3N_4 颗粒的微观形貌，从黏结液的雾化效果和 Si_3N_4 颗粒性能两个方面进行实验分析，实验结果与数值模拟结果吻合较好，验证了数值模拟的正确性。第 7 章对全书内容进行了总结与展望。

本书稿来源于作者所在的课题组研究成果，以下课题组老师及硕士研究生参与了本书稿的研究工作，其中课题组老师有吴南星、余冬玲、汪伟、江竹亭、方长福；硕士研究生有宁翔、甘振华、郑琦、方永振、张小辉、朱祚祥、花拥斌等。专著的成果基于以上成员的智慧和辛勤劳作，在此致以诚挚的谢意。

人生有限，智慧无穷，随着多相流旋转耦合场制备 Si_3N_4 颗粒制备技术的不断发展，Si_3N_4 颗粒性能研究成果将日益丰富。由于作者的研究水平及时间有限，专著可能有不足之处，还恳请读者指正。

廖达海
景德镇陶瓷大学
2020 年 06 月

目　录

第1章 绪 论

本书稿来源于国家自然科学基金项目“基于 CFD-DEM 耦合方法的 Si_3N_4 粉体干法制备机理研究”(项目编号:51964022)。CFD 是计算流体力学的缩写,DEM 是离散元方法的缩写。该课题的研究具有非常好的工程应用价值,能够揭示 Si_3N_4 颗粒成形规律,对制备节能环保、品质改善和低投入高产值的先进 Si_3N_4 颗粒具有一定的理论指导意义。

1.1 研究背景

Si_3N_4 陶瓷具有耐高温、抗腐蚀、高硬度、高强度和独特的电性能等优点[1-2],因而被广泛应用于航空航天、生物化工、机械工程、电子元器件和结构陶瓷等领域。在先进的 Si_3N_4 结构陶瓷制备领域,我国起步较晚,产品的技术及质量整体水平较低,其主要原因是 Si_3N_4 颗粒的性能不稳定,进而难以生产出性能优良的 Si_3N_4 陶瓷。目前对于 Si_3N_4 陶瓷的研究主要集中在军工、航天航空等领域,但行业的发展要求急需向其他的领域拓展应用。近年来,在国家发布的一系列政策的鼓励下,如何提高 Si_3N_4 颗粒性能,制备出性能优异的 Si_3N_4 陶瓷,成为相关学者和科研院所的研究热点。

1.2 Si_3N_4 颗粒制备研究现状

当前,关于 Si_3N_4 的研究主要集中于 Si_3N_4 粉体的制备。Si_3N_4 粉体制备方法主要有四种：直接氮化法[3]、碳热还原法[4]、热分解法[5]和气相法[6]，其中应用最为广泛的 Si_3N_4 粉体制备方法为直接氮化法，该方法是利用一定量的氮气、氨气等含氮气体，在 1400 ℃以上的温度下直接与硅粉相结合，最终形成 Si_3N_4 粉体。然而，从 Si_3N_4 粉体转变为 Si_3N_4 颗粒的研究却很少。颗粒制备工艺是 Si_3N_4 陶瓷生产过程中至关重要的环节，在后续的干压成型过程中，Si_3N_4 颗粒的质量会对 Si_3N_4 陶瓷坯体的成型质量起着决定性作用，从而会影响最终产品的质量[7-8]。

多相流旋转耦合场制粒方法是一种制备 Si_3N_4 颗粒的方法，该方法是将 Si_3N_4 粉体进行细磨，达到一定粒度要求后再通过黏结液的雾化使 Si_3N_4 粉体湿化，Si_3N_4 粉体会在黏结液雾化液滴的表面张力作用下互相吸附并且发生团聚。通过多相流旋转耦合场制粒装置所提供的机械力作用对 Si_3N_4 粉体进行强化整合[9-11]，最终形成一定粒度大小的 Si_3N_4 颗粒。采用多相流旋转耦合场制粒方法制备 Si_3N_4 颗粒具有纯度高、能耗低、成本效益高和工艺简单等优势[12-15]。然而，采用多相流旋转耦合场制粒方法制备得到的 Si_3N_4 颗粒的流动性差、成型压缩比小和成型率低等缺陷[16-18]，会使后续的 Si_3N_4 陶瓷坯体压制和烧结困难，导致生产出来的 Si_3N_4 陶瓷产品的物理性能指标达不到相应的标准。

多相流旋转耦合场制备 Si_3N_4 颗粒过程本质上是 Si_3N_4 粉体之间的相互碰撞结合，黏结液能够使 Si_3N_4 粉体之间形成液桥[19]，从而能够使 Si_3N_4 粉体之间团聚形成 Si_3N_4 颗粒。液桥力的大小能够影响 Si_3N_4 粉体之间的团聚强度，进而会影响多相流旋转耦合场制得的 Si_3N_4 颗粒性能。液桥力与 Si_3N_4 粉体的润湿程度有关，而润湿程度取决于 Si_3N_4 粉体对黏结液的亲和性大小。因此，对多相流旋转耦合场制备 Si_3N_4 颗粒过程进行深入研究，能够为改善 Si_3N_4 颗粒存在流动性差、成型压缩比小和成型率低等缺陷提供必要的边界条件。

1.3 黏结液雾化效果对 Si_3N_4 颗粒质量的影响

多相流旋转耦合场制备 Si_3N_4 颗粒过程包括雾化增湿过程和粒化过程。相关研究表明，黏结液的雾化效果能够影响 Si_3N_4 颗粒的流动性、成型压缩比和成型率，进而会影响 Si_3N_4 颗粒的质量。吴南星等[20]利用 CFD 方法分析喷嘴类型对黏结液颗粒制备雾化过程的影响，压力离心式喷嘴可以得到较小的雾化液滴平均粒径，雾化效果较好，能够更好地改善颗粒质量。张楠等[21]利用实验研究雾化水中黏结液含量对制粒效果的影响，结果表明黏结液含量约为1%时，所制得的颗粒流动性更好，大大改善了颗粒质量。阎蛇民等[22]利用实验研究雾化增湿过程黏结液含量对颗粒质量的影响，结果表明颗粒中黏结液含量为13.5%时，颗粒成型率提高，颗粒流动性较好，大大提高了颗粒质量。廖达海等[23]利用欧拉-欧拉模型模拟雾化液含量对制粒过程的影响，并通过实验测得所制颗粒的流动性、颗粒级配和粗糙度，结果表明制粒过程中所用雾化液的含量为300 mL时，颗粒的分散性较好，流动性最佳，制粒效果最好。

Si_3N_4 粉体在多相流旋转耦合场制粒室内做高速的离心运动时，黏结液通过雾化喷嘴来达到雾化，从而与 Si_3N_4 粉体接触增湿，粉体之间相互碰撞而形成液桥，使粉体团聚形成 Si_3N_4 颗粒。黏结液的雾化效果能够影响黏结液在 Si_3N_4 颗粒中的比重，而黏结液在 Si_3N_4 颗粒中的比重对 Si_3N_4 颗粒的流动性、成型压缩比和成型率影响很大，适宜的黏结液比重能够使 Si_3N_4 粉体之间的黏结力加大，细粉能够更好地润湿，Si_3N_4 颗粒的流动性和成型压缩比适宜，更易于 Si_3N_4 颗粒成型。但过大的黏结液比重会加大粉料之间的团聚作用，从而形成大颗粒。Si_3N_4 颗粒的流动性过大、成型压缩比小，导致后续的 Si_3N_4 陶瓷坯体压制成型困难。

黏结液在 Si_3N_4 颗粒中的比重主要由黏结液的雾化效果决定的，而黏结液的雾化主要通过多相流旋转耦合场雾化增湿过程的雾化喷嘴来实现。喷嘴雾化性能的高低会影响黏结液的雾化效果，从而能够影响 Si_3N_4 颗粒的质量。因此，研究黏结液在雾化喷嘴内部的流场分布和外部喷雾特性，对改善 Si_3N_4 颗粒的流动性差、成型压缩比小和成型率低等缺陷和雾化喷嘴的结构参数优化具有重要的指导意义。

1.4　雾化喷嘴内部流场和外部喷雾特性分析

关于雾化喷嘴的研究一直以来都是国内外热门的课题。目前，能够有效研究雾化喷嘴内部流场和外部喷雾特性的手段有两种：实验研究和数值模拟研究。实验研究是通过设计加工制造出来的透明可视化喷嘴，利用高速数码摄像机拍摄喷嘴在不同时间的各种工况条件下的液体运动破碎雾化照片，可以全面地显示喷嘴的喷雾情况，从物理的角度去分析喷嘴的雾化性能的高低，但是采用实验研究的手段需要投入极大的人力、财力和时间。采用数值模拟的手段能有效弥补实验研究喷嘴的雾化过程中不便于观察的缺陷，从而能够达到缩短研究周期、节省实验成本的目的。由于数值模拟是需要建立在一定理想条件下才能得到喷嘴的雾化特性信息的，所以数值模拟结果是否正确还需要辅助相应的实验数据来验证。本文将从雾化喷嘴的内部流场和外部雾化特性的实验研究和数值模拟研究的国内外现状进行分析和总结。

1.4.1 实验研究

从 20 世纪开始，有关学者已经开始对雾化喷嘴的内部流场参数和雾化特性进行实验研究，但由于当时的科学技术水平还没达到一定的水平，使雾化锥角、雾化液滴粒径和喷嘴出口处的流体速度等雾化参数的测量无法满足实际的需求。早期的测量技术有机械测量法和电子测量法，这两种测量方法的局限性较大，要求也比较多，通常需要在一定的条件下才能测得某物质的参数，并且需要反复测量几次，得到的值大多都是平均值，精度达不到实际的需求。这两种方法都是采用直接接触的方式对雾化特性进行测量，会导致测量的雾化效果产生一定的实验误差。随着科学技术的高速发展，光学测量法逐渐取代了早期的机械测量法和电子测量法，使喷嘴的内部流场和雾化特性的研究进入了一个全新的阶段。光学测量法具有更高的精确度，不需要直接接触雾化喷嘴，对流场无干扰作用，能够得到瞬时的雾化参数。研究人员根据不同的光学原理，发明了用于实验研究的光学测量法，主要包括马尔文法[24]、高速摄像法[25]、相位多普勒分析法[26]、激光全息摄像法[27]和多波长光散射法[28]。

近年来，国内外学者应用光学测量法对雾化喷嘴的内部流场参数和雾化特性进行了一系列的实验研究。Tratnig 等[29]利用相位多普勒速度仪(PDA)对压力离心式喷嘴的雾化特性进行了实验研究，测量了喷雾的全局的液滴大小，得到了液滴大小随雾化器几何形状、液体流速和液体物理性质变化的谱矩。Lan Z 等[30]用高速摄像法对旋流式喷嘴的质量流量、雾化通量分布、雾化锥角和雾化粒径进行了实验研究，喷雾通量的分布随着流量的增大而发生显著变化，并提出了稳压器喷淋系统应考虑喷雾通量分布的不稳定性。苗懂艳等[31]利用激光粒度分析仪和高速摄像机对螺旋喷嘴的雾化性能进行了实验研究，测量了雾化锥角、雾滴的粒径、液滴的速度和喷雾射程等雾化参数，发现雾化锥角和雾滴的轴向速度随着螺旋倾角的增大而减小，而雾滴的粒径随着螺旋倾角的增大而增大。赵亮等[32]利用高速摄像仪对空心喷嘴的喷淋特性进行了实验研究，测得了喷嘴的流量、径向喷淋密度和喷淋锥角等喷淋参数，流量随入口压力增加而增加，而喷淋锥角变化主要由喷嘴出口段的扩张角度决定，并提出了峰谷叠加原理能够有效消除无效的喷淋区域。方立军等[33]采用高速动态摄像仪与计算机图像处理技术对压力离心式喷嘴的雾化特性进行了实验研究，得到了注入压力与雾化液滴粒径、径向喷淋密度分布及雾化角之间的关系。从最初的传统测量方法到现在的光学测量法，加速推动了雾化喷嘴内部流场和雾化特性的实验研究进程。

1.4.2 数值模拟研究

近年来，随着计算流体力学的不断发展，数值模拟成为研究雾化喷嘴内部流场和外部喷雾特性的有效手段之一。国内外学者利用计算机仿真技术对喷嘴内部流动机制和外部喷雾特性进行了一系列的数值模拟研究。Belhadef 等[34]采用 CFD 方法研究了压力离心式喷嘴的雾化过程，求解了气液界面的平均密度平衡方程，得到了液滴的平均直径。Jia M 等[35]采用混合多相流模型和全空化模型对锥形喷嘴进行了数值模拟，空化的发展对喷嘴出口处的液膜厚度和速度有显著影响，改变了雾化角度和平均液滴直径。Amini[36]利用 CFD 方法研究了不同几何参数对黏性和非黏性的影响，并通过克服压力离心式喷嘴中的旋转离心力产生的黏性，预测了空气芯的形成条件。刘国库等[37]采用 VOF(流体体积函数)方法对离心式喷嘴内部的气液两相流动进行了数值求解，增大喷嘴旋流室内径与出口段直径比，能够减小液膜厚度和雾化锥角。赵安文等[38]利用 CFD 方法对四种不同型面的喷嘴进行数值计算，圆角型喷嘴出口截面各项气流参数的分布均匀性最优。艾吉文等[39]利用 CFD 方法对内混式空气雾化喷嘴的外部喷雾特性进行数值模拟，分析气液相对速度、黏度、液体表面张力和雾化锥角对液滴粒径的影响，液体流量的增大不利于液膜的破碎，黏度或表面张力越大，喷嘴雾化性能下降。陈晨等[40]基于 VOF 方法和 RNG(重整规划群) k-ε 模型对敞口式离心喷嘴内部流场和外部雾化特性进行了数值模拟，清晰地捕获到喷嘴中心轴线处的空气涡及内部的回流区，随着喷注压降的增大，液膜的破碎长度降低，雾化锥角增大。

基于上述学者对相关雾化喷嘴内部流场和外部喷雾特性的研究基础，本文采用 CFD 方法，对多相流旋转耦合场制备 Si_3N_4 颗粒的黏结液雾化过程进行数值模拟，分析雾化喷嘴结构对多相流旋转耦合场制备 Si_3N_4 颗粒的黏结液雾化过程的影响，揭示多相流旋转耦合场雾化增湿过程的黏结液雾化机理，对改善 Si_3N_4 颗粒缺陷和雾化喷嘴的结构参数优化提供了一定的理论基础。

1.5 研究内容及意义

1.5.1 研究内容

黏结液的雾化效果能够影响黏结液在 Si_3N_4 颗粒中的比重，进而会影响 Si_3N_4 颗粒的流动性、成型压缩比和成型率。为深入研究多相流旋转耦合场制备 Si_3N_4 颗粒的黏结液雾化过程，有效改善 Si_3N_4 颗粒的质量，本文以黏结液为对象，以雾化喷嘴为辅助工具，利用数值模拟与实验研究相结合的方法，对多相流旋转耦合场制备 Si_3N_4 颗粒的黏结液雾化过程进行数值模拟，分析喷嘴结构对多相流旋转耦合场制备 Si_3N_4 颗粒的黏结液雾化过程的影响，并根据黏结液的雾化效果对多相流旋转耦合场雾化喷嘴的结构进行优化。本文的具体内容如下：

(1)剖析多相流旋转耦合场制备 Si_3N_4 颗粒的黏结液雾化过程数值模拟理论。基于 VOF 方法研究不同结构参数的雾化喷嘴内空气-黏结液气液两相流相互作用，采用 realizable k-ε(可实现 k-ε)模型模拟计算黏结液在不同结构参数的雾化喷嘴内部的湍流状态，建立黏结液雾化过程数学模型模拟黏结液在喷嘴内部的三维运动特性。

(2)探究喷嘴入口结构对多相流旋转耦合场制备 Si_3N_4 颗粒的黏结液雾化过程的影响。对多相流旋转耦合场雾化喷嘴入口结构进行设计，采用单因素变量法，分析喷嘴切向入口数目和切向入口倾斜角度对多相流旋转耦合场制备 Si_3N_4 颗粒的黏结液雾化过程的影响，根据黏结液体积分数云图、黏结液速度云图和压力云图对黏结液雾化效果进行分析，根据黏结液的雾化效果，择选出雾化性能较优的雾化喷嘴。

(3)探索喷嘴旋流室结构对多相流旋转耦合场制备 Si_3N_4 颗粒的黏结液雾化过程的影响规律。对上述步骤择选出的多相流旋转耦合场雾化喷嘴的旋流室结构进一步设计，采用单因素变量法，分析喷嘴旋流室高度和旋流室内径对多相流旋转耦合场制备 Si_3N_4 颗粒的黏结液雾化过程的影响，从黏结液的旋流强度、喷嘴出口附近处形成的负压、空气芯平均直径、雾化锥角和喷嘴出口处的黏结液速度五个方面，得到喷嘴旋流室结构参数对黏结液雾化效果的影响规律。

(4)解释喷嘴出口结构对多相流旋转耦合场制备 Si_3N_4 颗粒的黏结液雾化过程的影响规律。在雾化喷嘴的入口结构和旋流室结构优化的基础上，继续对多相流旋转耦合场雾化喷嘴的出口结构进行设计，应用单因素控制变量法，进一步分析喷嘴出口形状和出口内径对多相流旋转耦合场制备 Si_3N_4 颗粒的黏结液雾化过程的影响，根据黏结液在喷嘴的内外流场特征，分析黏结液在不同出口结构的喷嘴的雾化效果，得到喷嘴出口结构对黏结液雾化效果的影响规律。

(5) 对多相流旋转耦合场制备 Si_3N_4 颗粒的黏结液雾化过程数值模拟进行实验验证。自行搭建多相流旋转耦合场雾化检测平台，测量黏结液从四种不同出口内径的喷嘴喷出形成的雾化锥角，并利用多相流旋转耦合场制粒装置制备 Si_3N_4 颗粒，通过水分测试仪测得 Si_3N_4 颗粒的含水率，用扫描电子显微镜测得 Si_3N_4 颗粒的微观形貌，从黏结液的雾化效果和 Si_3N_4 颗粒性能两个方面进行实验分析，实验结果与数值模拟结果吻合较好，验证了数值模拟的正确性。

1.5.2 研究意义

(1)剖析多相流旋转耦合场制备 Si_3N_4 颗粒的黏结液雾化过程数值模拟理论。基于 VOF 方法研究不同结构参数的雾化喷嘴内空气-黏结液气液两相流相互作用，采用 realizable k-ε 模型模拟计算黏结液在不同结构参数的雾化喷嘴内部的湍流状态，并建立多相流旋转耦合场制备 Si_3N_4 颗粒的黏结液雾化过程数学模型，分析喷嘴结构对多相流旋转耦合场制备 Si_3N_4 颗粒的黏结液雾化过程的影响，为多相流旋转耦合场制备 Si_3N_4 颗粒的黏结液雾化流场研究提供一定的理论指导。

(2)针对多相流旋转耦合场制粒方法制得的 Si_3N_4 颗粒存在流动性差、成型压缩比小和成型率低等缺陷，通过对能够影响多相流旋转耦合场制备 Si_3N_4 颗粒的黏结液雾化效果的喷嘴入口结构进行设计，发现喷嘴切向入口数目和切向入口倾斜角度能够影响黏结液的雾化效果；对能够影响多相流旋转耦合场制备 Si_3N_4 颗粒的黏结液雾化效果的喷嘴旋流室结构进行设计，揭示喷嘴旋流室结构对黏结液雾化效果的影响规律；根据黏结液的雾化效果对喷嘴入口结构和旋流室结构进行优化后，再进一步对喷嘴出口结构进行设计，研究喷嘴出口形状和出口内径对多相流旋转耦合场制备 Si_3N_4 颗粒的黏结液雾化过程的影响。根据黏结液的雾化效果对多相流旋转耦合场雾化喷嘴的入口结构、旋流室结构和出口结构依次进行优化，为多相流旋转耦合场雾化喷嘴结构设计优化提供一定的工程实践价值。

(3)通过自行搭建的多相流旋转耦合场制备 Si_3N_4 颗粒的黏结液雾化检测平台，测量黏结液从雾化喷嘴喷出的雾化锥角，并利用多相流旋转耦合场制粒装置制备 Si_3N_4 颗粒，通过水分测试仪和扫描电子显微镜测量 Si_3N_4 颗粒的性能参数，验证了数值模拟的正确性，对多相流旋转耦合场制备 Si_3N_4 颗粒的黏结液雾化实验研究奠定了一定的基础。

第2章　多相流旋转耦合场制备 Si_3N_4 颗粒雾化过程数值模拟基础

解释黏结液在多相流旋转耦合场雾化喷嘴的气液两相流理论、湍流模型，结合气液两相流理论、湍流模型建立多相流旋转耦合场制备 Si_3N_4 颗粒的黏结液雾化过程中的数学模型，并建立黏结液在多相流旋转耦合场雾化喷嘴的雾化过程物理模型及对相关参数进行设定，以上理论和模型的建立是分析黏结液在雾化喷嘴内部的流场分布和外部喷雾特性的基础知识，计算模型的完善度会很大程度上影响流场的计算精度和结果。

2.1　气液两相流模型

2.1.1　气液两相流模型分析

气液两相流理论是研究两种不同形态的物质以及具有明显分界面的两相流体流动力学、传热传质学和热力学以及相关的科学共性问题。目前能够有效处理气液两相流的数值计算方法有两种：欧拉-欧拉方程和欧拉-拉格朗日方程。FLUENT（通常 CFD 软件包）中遵循欧拉-欧拉方程的气液两相流模型共有三种：流体体积（VOF）模型、欧拉（Eularian）模型和混合物（Mixture）模型，而遵循欧拉-拉格朗日方程的气液两相流模型为离散相（DPM）模型。

VOF 模型是一种在固定的欧拉网格下的表面追踪方法。在 VOF 模型中，不同的流体组分共用一套动量方程，在计算流场的每一个单元时，都记录着各流体组分所占的体积率，利用 VOF 模型能够求得任意气液分界面的稳态或瞬时分界面，典型应用如自由面流动、晃动、水坝决堤时的水流、分层流、灌注等。Eularian 模型是 FLUENT 中最复杂的多相流模型，通过建立一套包含 n 个连续方程和动量方程的方程组来求解每一相，压力项和各界面交换系数是耦合在一起的，利用欧拉模型能够模拟各个相之间的相互作用，典型应用如气泡柱、颗粒悬浮、流化床和复杂的多相流动等。Mixture 模型相比于 Eularian 模型较为简化，可用于模拟两相流或多相流（流体或颗粒）过程，通过求解混合物的动量方程，各个相之间相互穿插，并能够通过相对速度来描述离散相，典型应用如气泡流、沉降、低负载的粒子负载流和旋风分离器等。DPM 模型的定义是当颗粒相的体积分数小于 10%时，粒子被当作离散的一个个颗粒，先计算连续相的流场，再结合流场变量模拟每一个颗粒的受力情况和颗粒速度，并对每一个颗粒的轨迹进行追踪，典型应用如颗粒的加热或冷却、液滴的蒸发与沸腾、挥发分析等。

本文所研究的对象是黏结液，雾化喷嘴作为辅助工具，雾化喷嘴内部为复杂的空气-黏结液气液两相流动，能否准确地捕捉到喷嘴内部气液两相界面，是研究黏结液在多相流旋转耦合场雾化喷嘴的内部流场分布和外部喷雾特性的基础。通过对以上几种气液两相流模型的定义和应用进行对比分析以及查阅大量的文献，VOF 模型更适合于模拟分析多相流旋转耦合场雾化喷嘴内部复杂的空气-黏结液气液两相流动过程，因此选用 VOF 模型对多相流旋转耦合场雾化喷嘴内空气-黏结液气液两相流相互作用进行数值模拟。

2.1.2 VOF 模型

雾化喷嘴内空气-黏结液气液两相流界面的捕捉是数值模拟的关键。VOF 模型是由 Hirt 和 Nichols[41] 提出的，能够有效处理连续相运动和连续相与分散相耦合等问题，在固定网格的情况下实现界面重建[42]。此外，利用 VOF 模型还可以精确地跟踪到气液界面的几何和拓扑变化，适用于计算任何两种互不混合、互不渗透且两相间滑移可忽略的流体流动过程[43-44]。由于多相流旋转耦合场雾化喷嘴内部流动的工作介质为黏结液和空气，当黏结液和空气的压缩性不强时，适用于 VOF 模型。该模型通过定义一个标量体积分数函数 ψ 来表示喷嘴网格计算区域内第二相的体积分数，本文以空气为第一相，黏结液为第二相。若 $\psi=0$，则喷嘴计算网格区域内全部为空气；若 $\psi=1$，则喷嘴计算网格区域内全为黏结液；若 $0<\psi<1$，则喷嘴计算网格区域内为空气和黏结液的气液两相混合物。

给定黏结液填充喷嘴的时间和初始体积分数分布，黏结液体积分数函数 ψ 的输送方程为：

$$\frac{\partial \psi}{\partial t}+u\frac{\partial \psi}{\partial x}+u\frac{\partial \psi}{\partial y}+u\frac{\partial \psi}{\partial z}=0 \tag{2-1}$$

在喷嘴内空气-黏结液气液两相混合区中，流体的密度 ρ 和动力黏度 μ 表达式为：

$$\rho=(1-\psi)\rho_{g}+\alpha\rho_{b} \tag{2-2}$$

$$\mu=(1-\psi)\mu_{g}+\alpha\mu_{b} \tag{2-3}$$

式中：ρ 为流体的密度；ψ 为黏结液体积分数函数；μ 为流体的动力黏度；u 为流体的速度；x、y 和 z 为空间直角坐标符号；t 为黏结液填充雾化喷嘴的时间；下标 g 和 b 分别表示空气和黏结液。

2.2　湍流模型

2.2.1　湍流模型分析

湍流在自然界中普遍存在，是一种不规则的流动现象。湍流是由无数不规则的涡流相互混合掺杂的流动形态，流动过程中任一质点的压力和速度等物理量会随着时间和空间的变化而呈现随机变化的性质。流体的流动形态可以用无量纲数雷诺数 Re 来表示，雷诺数的物理定义是惯性力和黏性力之比，是判断流体形态的无因次数[45]，雷诺数的表达式为：

$$Re=\frac{\rho v d}{\mu} \tag{2-4}$$

式中：ρ 为流体密度；v 为流速；d 为特征长度；μ 为流体的动力黏度。本文研究的是黏结液在多相流旋转耦合场雾化喷嘴的内部流场分布和外部喷雾特性。黏结液的密度和黏度分别为 2000 kg/m^3、0.02 kg/(m·s)，喷嘴的最小流速为 4 m/s，雾化喷嘴的入口直径为 8 mm，将以上参数代入式(2-4)中，得到最小雷诺数 Re 为 3200。当雷诺数 $Re<2300$ 时，流体的流动形态为层流，而当雷诺数 $Re>3200$ 时，流体的流动形态为湍流。由于本文研究的黏结液在喷嘴流场内的雷诺数 $Re>3200$，流体呈现极其复杂的非稳态流动，可以认定为湍流的流动形态，因此选择合适的湍流模型对黏结液在雾化喷嘴的内部流场分布和外部喷雾特性进行数值计算至关重要。

目前工程上针对湍流应用最为广泛的数值模拟方法主要有 Standard k-ε 模型(标准 k-ε 模型)、RNG k-ε 模型和 realizable k-ε 模型。Standard k-ε 模型是实验半经验公式,是最简单的、应用最广泛的双方程完整湍流模型,该模型由于忽略了流体的黏性,只适合完全湍流的流动过程数值模拟。RNG k-ε 模型是利用重整化群的数学方法对瞬态的 Navier-Stokes 方程(纳维叶-斯托克斯)进行推导出来的双方程湍流模型,虽然 RNG k-ε 模型与 Standard k-ε 模型很相似,但模型中的常数与 Standard k-ε 模型不同,而且方程中出现了新的函数或者项,相比 Standard k-ε 模型,RNG k-ε 模型具有更高的可信度和计算精度,能够对射流撞击、二次流、分离流和旋流等复杂流动进行模拟计算,但需要建立在涡旋黏性呈各向同性的前提条件下。realizable k-ε 模型对雷诺应力有数学约束,从而能够保持雷诺应力与真实湍流一致,与 RNG k-ε 模型相比,耗散率方程中的耗散率产生项不包含湍动能产生项(G_k),更能体现能量在谱空间的传输,该模型适合的流动类型较为广泛,能够对自由流、边界层流动、有旋均匀剪切流和腔道流动进行数值模拟计算,特别是对圆口射流和平板射流进行模拟,能够计算得到比较好的射流扩张角,另外对于有旋流动的模拟计算也表现出色。

综合对比分析以上三种湍流模型的特点与应用并查阅大量相关文献,考虑到黏结液在多相流旋转耦合场雾化喷嘴的旋流室内做强烈的旋流运动,realizable k-ε 模型更适合黏结液在多相流旋转耦合场雾化喷嘴内的湍流计算。

2.2.2 realizable *k*-*ε* 湍流模型

在多相流旋转耦合场雾化喷嘴内部的黏结液雷诺数较高的条件下,realizable k-ε 模型的湍动能 k 及其耗散率 ε 的输运方程为:

$$\frac{\partial(\rho k)}{\partial t}=\frac{\partial}{\partial x_j}\left[\left(\mu+\frac{\mu_t}{\sigma_k}\right)\frac{\partial k}{\partial x_j}\right]+G_k+G_b-\rho\varepsilon-Y_M \tag{2-5}$$

$$\frac{\partial(\rho\varepsilon)}{\partial t}=\frac{\partial}{\partial x_j}\left[\left(\mu+\frac{\mu_t}{\sigma_\varepsilon}\right)\frac{\partial\varepsilon}{\partial x_j}\right]+\rho C_1 S\varepsilon-\rho C_2\frac{\varepsilon^2}{k+\sqrt{v\varepsilon}}+C_{\varepsilon 1}\frac{\varepsilon}{k}C_{\varepsilon 3}G_b \tag{2-6}$$

式中:ρ 为流体密度;μ 为流体的动力黏度;μ_t 为湍流黏性系数;v 为流体的速度;k 为湍动能;ε 为耗散率;S 为平均速度应变率张量;C_1 为最大值函数式;$C_{\varepsilon 1}$、C_2 和 $C_{\varepsilon 3}$ 为经验常数;σ_k 和 σ_ε 为湍动能 k 和耗散率 ε 对应的湍流普朗特数;Y_M 为可压速湍流脉动膨胀对总耗散率的影响;G_b 为由浮力影响引起的湍动能产生项;G_k 为由平均速度梯度引起的湍动能产生项。

2.3　黏结液雾化过程数学模型

一切流体的流动和传热过程都必须遵循物理界中质量、动量及能量三大守恒定律。本文以黏结液为研究对象，以雾化喷嘴为辅助工具，由于喷嘴内的流动为复杂的空气-黏结液气液两相流动，为便于求解方程，需进行以下假设：①空气和黏结液都是不可压缩的流体；②喷嘴内空气与黏结液之间没有任何的化学反应和物理相变；③忽略黏结液与喷嘴壁面之间的摩擦热，不存在能量耗散；④采用无滑移、静止的壁面，不考虑回流影响；⑤黏结液在喷嘴内外的流动是三维非稳态流动。由于喷嘴工作时的温度为大气环境的温度，与外界没有明显的传热现象，故不需要能量方程，仅需求解质量守恒方程和动量守恒方程。

2.3.1　质量守恒方程

多相流旋转耦合场雾化喷嘴内为复杂的空气-黏结液气液两相流动，在单位时间内，从喷嘴外部流进黏结液微元体内的质量的数值等于黏结液微元体内质量的增加值，黏结液雾化过程质量守恒方程在笛卡尔坐标系下的表达式为：

$$\frac{\partial \rho}{\partial t}+\frac{\partial(\rho u)}{\partial x}+\frac{\partial(\rho v)}{\partial y}+\frac{\partial(\rho w)}{\partial z}=0 \tag{2-7}$$

式中：ρ 为流体的密度；t 为黏结液填充多相流旋转耦合场雾化喷嘴的时间；u、v 和 w 分别为流体在 x、y 和 z 三个方向上的速度。由于黏结液的密度为常数，故表达式又可以进一步简化为：

$$\frac{\partial(\rho u)}{\partial x}+\frac{\partial(\rho v)}{\partial y}+\frac{\partial(\rho w)}{\partial z}=0 \tag{2-8}$$

2.3.2　动量守恒方程

流体的动量守恒方程即 Navier-Stokes 方程，物理意义是微元体中流体元对时间的变化率等于外界作用在这个流体元上的各种外力的和。由于多相流旋转耦合场雾化喷嘴内为旋流强度较大的湍流运动，因此本文在 Navier-Stokes 方程的基础上进行推导，黏结液微元体中流体元在 x、y 和 z 方向的动量方程如下：

u-动量方程：

$$\frac{\partial(\rho u)}{\partial t}+\frac{\partial(\rho uu)}{\partial x}+\frac{\partial(\rho vu)}{\partial y}+\frac{\partial(\rho wu)}{\partial z}=$$
$$-\frac{\partial P}{\partial x}+\frac{\partial}{\partial x}(\lambda div\vec{u}+2\mu\frac{\partial u}{\partial x})+\frac{\partial}{\partial y}\left[\mu\left(\frac{\partial v}{\partial x}+\frac{\partial u}{\partial y}\right)\right]+\frac{\partial}{\partial z}\left[\mu\left(\frac{\partial u}{\partial z}+\frac{\partial w}{\partial x}\right)\right]+\rho F_x \tag{2-9}$$

v-动量方程：

$$\frac{\partial(\rho v)}{\partial t}+\frac{\partial(\rho uv)}{\partial x}+\frac{\partial(\rho vv)}{\partial y}+\frac{\partial(\rho wv)}{\partial z}=-\frac{\partial P}{\partial y}+\frac{\partial}{\partial x}\left[\mu\left(\frac{\partial u}{\partial y}+\frac{\partial v}{\partial x}\right)\right]+$$
$$\frac{\partial}{\partial y}(\lambda div\vec{u}+2\mu\frac{\partial v}{\partial y})+\frac{\partial}{\partial z}\left[\mu\left(\frac{\partial v}{\partial z}+\frac{\partial w}{\partial y}\right)\right]+\rho(F_y+G) \tag{2-10}$$

w-动量方程：

$$\frac{\partial(\rho w)}{\partial t}+\frac{\partial(\rho uw)}{\partial x}+\frac{\partial(\rho vw)}{\partial y}+\frac{\partial(\rho ww)}{\partial z}=$$
$$-\frac{\partial P}{\partial z}+\frac{\partial}{\partial x}\left[\mu\left(\frac{\partial u}{\partial z}+\frac{\partial w}{\partial x}\right)\right]+\frac{\partial}{\partial y}\left[\mu\left(\frac{\partial v}{\partial z}+\frac{\partial w}{\partial y}\right)\right]+\frac{\partial}{\partial z}(\lambda div\vec{u}+2\mu\frac{\partial w}{\partial z})+\rho F_z \tag{2-11}$$

式中：P 为流体的时均压力；μ 为流体的动力黏度；$\vec{u}$ 为流体的速度矢量；ρ 为流体的密度；λ 为流体的第二分子黏度，对于气体可取 $\lambda=-2/3$；G 为黏结液的重力；F_x、F_y 和 F_z 分别为黏结液和空气在坐标 x、y 和 z 三个方向上产生的表面张力；u、v 和 w 为速度矢量 $\vec{u}$ 在坐标 x、y 和 z 方向上的速度分量。

2.4 黏结液雾化过程物理模型及相关参数设定

2.4.1 喷嘴几何模型

多相流旋转耦合场雾化喷嘴具有结构简单、动能消耗低和雾化性能优异等特点[46-48]，广泛应用于工业锅炉、喷雾干燥、燃气轮机、农业灌溉、雾化制粒等领域。多相流旋转耦合场雾化喷嘴结构简图如图 2-1 所示，喷嘴由两个切向入口、旋流室、收缩段和出口等直段组成。

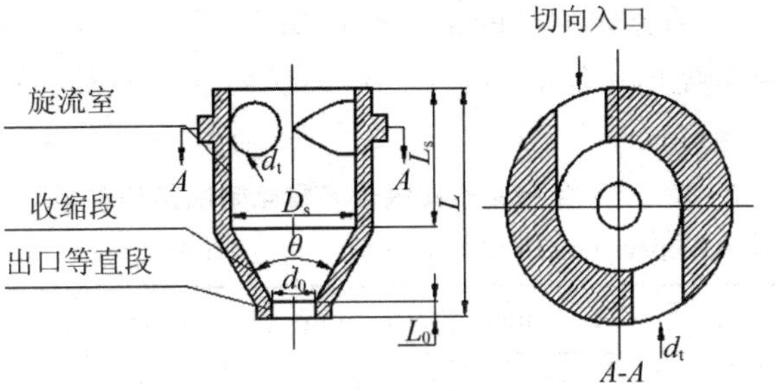

图 2-1　多相流旋转耦合场雾化喷嘴结构简图

Fig. 2-1　Structure diagram of nozzle for multi-phase flow rotating coupling field

多相流旋转耦合场雾化喷嘴的雾化机理如图 2-2 所示，在压力的作用下，黏结液通过两个切向入口进入喷嘴旋流室，在旋流室内形成高速的螺旋运动，旋转的黏结液由于受到离心力的作用被甩到旋流室的壁面上，在喷嘴出口附近形成低压区，导致喷嘴外界的空气被倒吸到喷嘴内部，出现沿着中心轴线分布的空气芯。同时，黏结液通过自上而下的高速旋转运动沿着喷嘴出口扩张，在离心力的作用下，出口处形成中空的锥形液膜，离开喷嘴出口后，空心锥形液膜会逐渐变宽，中空的锥形液膜的内外表面会形成波，此时液膜速度与周围气体产生的速度差导致了空气动力的产生，进一步扩大了液膜形成的波。随着时间和空间的推移，当达到临界振幅时，导致黏结液液膜形成的波破裂，最终分裂成细小的黏结液雾化液滴。

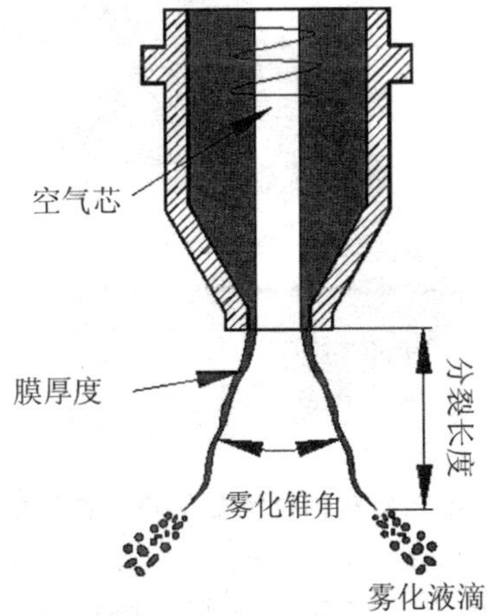

图 2-2　多相流旋转耦合场雾化喷嘴雾化机理示意图

Fig. 2-2　Diagram of atomization mechanism of nozzle for multi-phase flow rotating coupling field

多相流旋转耦合场雾化喷嘴的结构参数如表 2-1 所示，L 为喷嘴总长度；L_s 为旋流室高度；L_o 为喷嘴出口等直段长度；d_t 为切向入口直径；D_s 为旋流室内径；d_o 为出口直径；θ 为收缩角。

表 2-1　多相流旋转耦合场雾化喷嘴结构参数

Table2-1　Structural parameters of nozzle for multi-phase flow rotating coupling field

L/mm	L_s/mm	L_o/mm	d_t/mm	D_s/mm	d_o/mm	θ/°
35	21.24	2.5	8	20	7	60

2.4.2　边界条件设置

通过设计不同喷嘴结构参数的多相流旋转耦合场雾化喷嘴，对黏结液在雾化喷嘴的内部流场分布和外部喷雾特性进行数值模拟，分析喷嘴结构参数对黏结液雾化效果的影响。数值计算区域分为旋流室、收缩段、出口等直段和喷嘴外部上底面半径为 25 mm、下底面半径为 40 mm、高为 50 mm 的圆台。多相流旋转耦合场雾化喷嘴的边界条件设置如图 2-3 所示，数值模拟所用黏结液的密度设为 2000 kg/m^3，黏度设为 0.02 kg/(m·s)。

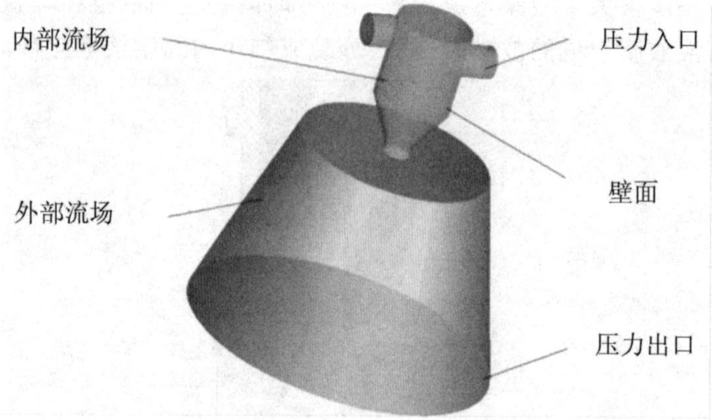

图 2-3　多相流旋转耦合场雾化喷嘴物理模型示意图

Fig. 2-3　Diagram of physical model of nozzle for multi-phase flow rotating coupling field

(1)入口边界条件：多相流旋转耦合场雾化喷嘴入口设为压力入口，总压设为 0.7 MPa，黏结液体积分数设为 1，即表示只有黏结液进入喷嘴，进行流场状态初始化时，喷嘴内的黏结液体积分数设为 0。

(2)出口边界条件：多相流旋转耦合场雾化喷嘴出口边界条件设为压力出口，

表压设为标准大气压，黏结液体积分数设为 0，表示黏结液从喷嘴出口流出后并不会返回计算网格区域参与数值计算。

(3)墙体边界条件：无滑移、绝热的标准壁面函数。

2.4.3 计算网格划分

网格划分是对黏结液在多相流旋转耦合场雾化喷嘴的雾化特性数值模拟分析的前处理部分，网格质量的好坏会影响数值模拟的计算精度和准确度。本文先利用 SolidWorks 软件(三维设计软件)对多相流旋转耦合场雾化喷嘴进行三维建模，并将模型导入网格划分软件 ICEM 中，对多相流旋转耦合场雾化喷嘴进行网格划分，喷嘴的网格模型如图 2-4 所示。由于喷嘴切向入口部分和旋流室的结构较复杂，难以用六面体结构性网格对其进行划分。因此，采用四面体非结构性网格划分切向入口至旋流室结构，其余部分采用 O 型分块划分为六面体网格。

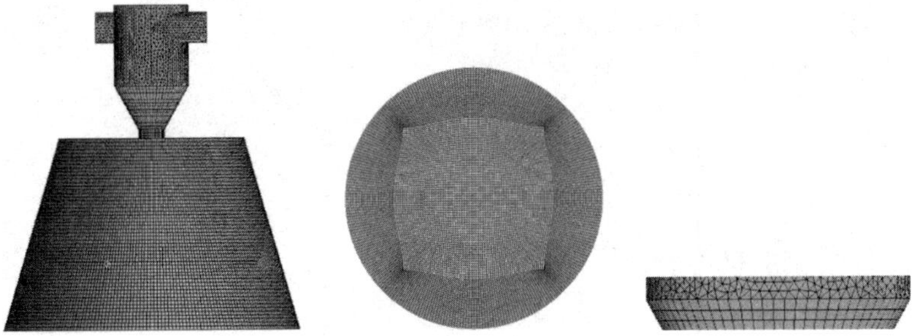

图 2-4 多相流旋转耦合场雾化喷嘴三维网格模型示意图

Fig. 2-4 Diagram of 3D grid model of nozzle for multi-phase flow rotating coupling field

相关研究表明，网格的精度能够影响雾化锥角和液膜破碎长度，较差的网格质量会导致不能准确地捕捉到沿着喷嘴轴线分布的空气芯[49]。因此，为了提高计算精度和有效地控制计算资源，采用 prism(棱镜)网格对切向入口与旋流室相交区域进行局部网格加密，并对四面体网格和六面体网格进行节点合并。最小网格单元尺寸设置为 0.5 mm，得到多相流旋转耦合场雾化喷嘴的网格单元数和节点数分别为 278574 和 121812，网格质量大于 0.55，最大网格尺寸设置为 0.5。以喷嘴外部圆台上底面的中心点为坐标原点，以喷嘴轴线方向为 y 方向，其垂直面为 x-z 平面。

2.4.4 网格无关性验证

本文采用瞬态数值模拟方法对黏结液在多相流旋转耦合场雾化喷嘴内的流场

进行计算。网格密度会直接影响计算结果的精度，因此有必要对计算网格进行无关性检验[50]。验证的思路是选择不同的网格密度对喷嘴内外流场进行数值计算，并检查计算结果是否随网格密度的变化而变化。当网格密度加密到一定程度，数值计算结果不变时，可以认为此时的网格密度满足计算要求，计算结果更为准确。为了确定合适的网格数，本文分别选取了节点数为 61254、82467、121812 和 148164 的喷嘴网格模型来模拟多相流旋转耦合场雾化喷嘴的流场。通过四种不同网格计算求解得到的黏结液的轴向速度如图 2-5 所示。当网格节点数小于 121812 时，黏结液轴向速度随着网格数的增加而增加，但当网格节点数超过 121812 时，网格节点数为 148164 的喷嘴网格模型对应的黏结液轴向速度与网格节点数为 121812 的喷嘴网格模型对应的黏结液轴向速度相似，两种模型的轴向速度曲线几乎一致，表明网格数进一步增加，轴向速度曲线趋于稳定，模型的解与网格密度无关。

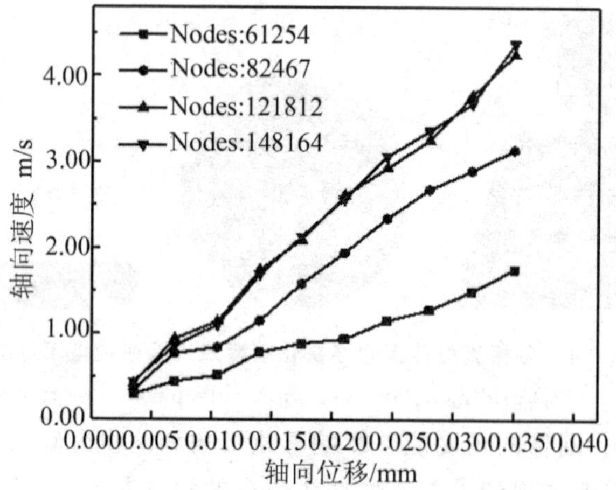

图 2-5　网格无关性检验示意图

Fig. 2-5　Diagram of grid independency test

2.4.5　方程离散与求解

为了准确求解黏结液在不同结构参数的多相流旋转耦合场雾化喷嘴的流场，通过控制体积法将多相流旋转耦合场制备 Si_3N_4 颗粒的黏结液雾化过程理论方程转化为数值求解的代数方程，根据每个控制体的变量生成相应的离散方程，变量的离散类型如表 2-2 所示。本文选择隐式非定常求解器作为数值计算求解器，库朗数控制在 0.25 以下，为提高计算的稳定性和精度，采用亚松弛因子对各变量进行求解，时间步长设为 6×10^{-7}，每一步最大迭代次数为 200 次，收敛条件为黏结液的出口流速等于入口流速，当黏结液的出口流速不再发生变化时，喷嘴内气液两相混合界面趋于稳定。

表 2-2　变量方程的离散化与求解

Table2-2　Discretization and solution of variable equation

变量	方程离散化
压力速度耦合方案	压力隐式算子分裂
梯度	基于单元的最小二乘方法
压力	体积力加权
动量	二阶逆风
体积分数	几何重构
湍流动能	一阶逆风
湍流耗散率	一阶逆风
瞬态方程	一阶隐式

2.5　本章小结

本章通过对几种气液两相流模型的定义和应用进行对比分析，得出 VOF 模型更适合于模拟分析多相流旋转耦合场雾化喷嘴内部复杂的空气-黏结液气液两相流动过程。通过对黏结液在多相流旋转耦合场雾化喷嘴流场内的雷诺数进行计算，得出黏结液在多相流旋转耦合场雾化喷嘴内的流动形态为强烈的湍流运动。对常用的几种湍流模型进行对比分析，得出 realizable k-ε 模型更适合于计算黏结液在多相流旋转耦合场雾化喷嘴内的湍流流动。结合多相流旋转耦合场雾化喷嘴气液两相流模型、湍流模型，在 Navier-Stokes 方程的基础上进行推导得到多相流旋转耦合场制备 Si_3N_4 颗粒的黏结液雾化过程数学模型。对黏结液雾化过程物理模型及相关参数设定，包括喷嘴的几何模型、边界条件设置、网格划分、网格无关性检验和方程离散和求解。通过建立多相流旋转耦合场制备 Si_3N_4 颗粒的黏结液雾化过程数值模拟理论，为分析黏结液在不同结构参数的喷嘴的内部流场分布和外部喷雾特性提供理论基础。

第 3 章 喷嘴入口结构对多相流旋转耦合场制备 Si_3N_4 颗粒雾化过程的影响

为探究喷嘴入口结构对多相流旋转耦合场制备 Si_3N_4 颗粒的黏结液雾化过程的影响，通过建立不同喷嘴入口结构参数的喷嘴三维模型，简化喷嘴模拟区域并构建喷嘴三维物理模型，采用混合网格对喷嘴进行网格划分，基于 VOF 方法分析不同入口结构参数的雾化喷嘴内空气-黏结液气液两相流相互作用，采用 realizable k-ε 模型模拟计算黏结液在不同入口结构参数的雾化喷嘴内部的湍流状态，采用单因素变量法，分析喷嘴切向入口数目（切向入口数目分别为 1、2、3 和 4）和喷嘴切向入口倾斜角度（倾斜角度分别为倾斜 0°、倾斜 15°、倾斜 30°和倾斜 45°）对黏结液在喷嘴的内部流场分布和外部喷雾特性的影响。

3.1 喷嘴切向入口数目对黏结液雾化特性的影响

3.1.1 不同切向入口数目的喷嘴模拟区域简化

数值模拟的目的是研究喷嘴切向入口数目对黏结液在多相流旋转耦合场雾化喷嘴的内部流场分布和外部喷雾特性的影响。由于喷嘴切向入口数量的改变并不会改变喷嘴的总体结构尺寸，因此切向入口数目分别为 1、3、4 的喷嘴结构参数和切向入口数目为 2 的原喷嘴一致，不同切向入口数目的雾化喷嘴结构简图如图 3-1 所示。图 3-1(a)为切向入口数目为 4 的喷嘴，图 3-1(b)为切向入口数目为 1 的喷嘴，图 3-1(c)为切向入口数目为 2 的喷嘴，图 3-1(d)为切向入口数目为 3 的喷嘴。

四种不同切向入口数目的雾化喷嘴的结构组成一致，均由切向入口、旋流室、收缩段和出口等直段组成。

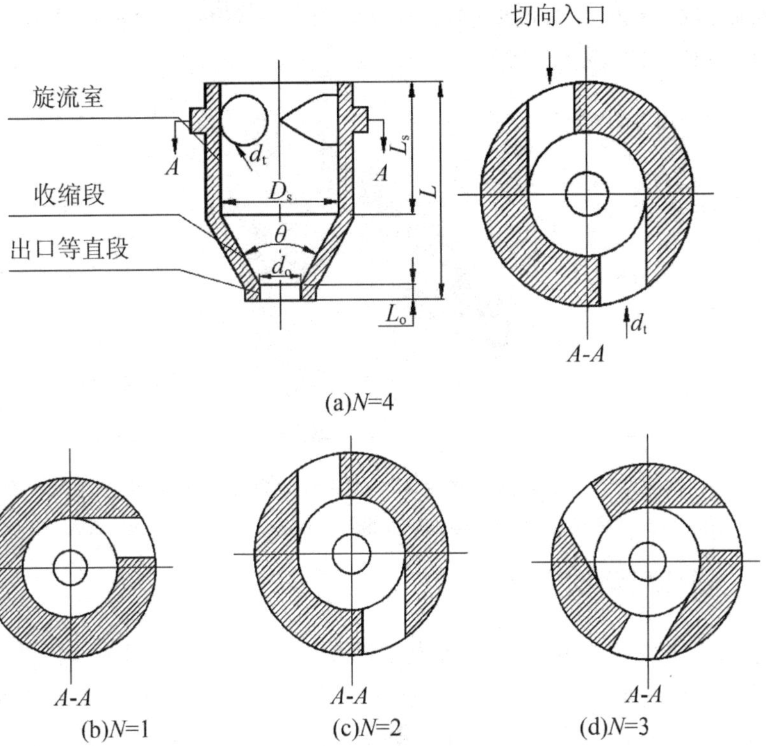

图 3-1　不同切向入口数目的雾化喷嘴结构简图

Fig. 3-1　Structure diagram of nozzle with different number of tangential inlets

3.1.2　边界条件设置

通过 ICEM 软件对四种不同切向入口数目的雾化喷嘴进行边界条件设置，分析喷嘴切向入口数目对黏结液在多相流旋转耦合场雾化喷嘴的内部流场分布和外部喷雾特性的影响。数值计算区域分为旋流室、收缩段、出口等直段和上底面直径为 50 mm、下底面直径为 80 mm、高度为 50 mm 的圆台。喷嘴三维物理模型的坐标原点为圆台上底面的中心，沿着喷嘴轴线的方向为 y 方向，垂直面为 x-z 平面。由于四种不同切向入口数目的喷嘴边界条件相同，因此仅选取切向入口数目为四的喷嘴作为参考，其边界条件如图 3-2 所示。喷嘴入口设为压力入口，总压设为 0.7 MPa，黏结液体积分数设为 1，即表示只有黏结液进入喷嘴。喷嘴出口设为压力出口，表压设为标准大气压，黏结液体积分数设为 0，说明黏结液从喷嘴出口喷出后不会返回计算网格区域参与数值计算，从而保证数值计算的准确性。喷嘴的其余区域设置为无滑移的静止墙，采用标准壁面函数。当流场初始化时，喷嘴内黏结液的初始体积分数为 0，说明喷嘴内只有空气。数值模拟所用黏结液的密度设为 2000 kg/m^3，黏度设为 0.02 kg/(m·s)。

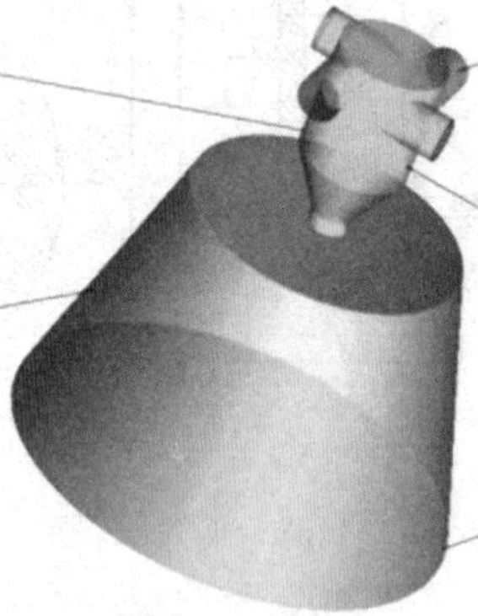

图 3-2　切向入口数目为 4 的雾化喷嘴物理模型示意图

Fig. 3-2　Diagram of physical model of nozzle with 4 tangential inlets

3.1.3　计算网格划分

切向入口数目为 4 的喷嘴网格模型如图 3-3 所示，由于四种不同切向入口数目的喷嘴网格划分的方法相同，因此仅选取切向入口数目为 4 的喷嘴网格模型作为参考。喷嘴切向入口部分至旋流室处的结构较复杂，难以用六面体结构性网格对其进行划分，因此采用四面体非结构性网格划分切向入口至旋流室，其余部分采用 O 型分块划分为六面体结构性网格。为提高计算精度和有效地控制计算资源，采用 prism 网格对切向入口与旋流室相交区域进行局部网格加密，对旋流室边缘处的四面体网格和收缩段的六面体网格进行节点合并，并对四种不同切向入口数目的喷嘴的网格质量进行了相应的检验。

利用以上网格划分方法对四种不同切向入口数目的喷嘴进行混合网格划分，得到四种喷嘴网格的相关参数如表 3-1 所示。

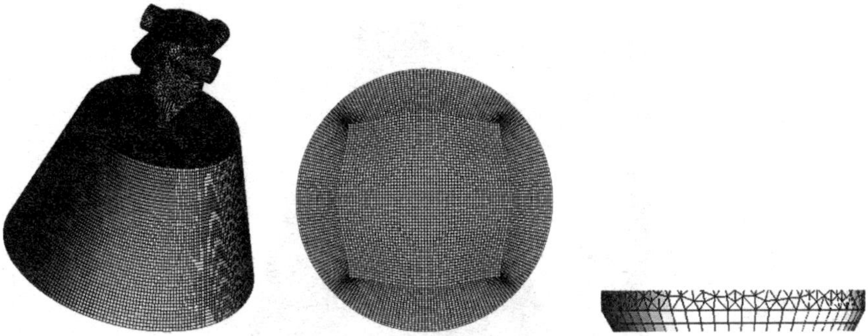

图 3-3　切向入口数目为 4 的雾化喷嘴三维网格模型示意图

Fig. 3-3　Diagram of 3D grid model of nozzle with 4 tangential inlets

表 3-1　不同切向入口数目的雾化喷嘴网格参数

Table3-1　Grid parameters of nozzle with different number of tangential inlets

喷嘴类型	喷嘴网格参数			
	网格数	节点	质量	尺寸/mm
$N=1$	272298	118212	>0.35	0.5
$N=2$	278574	121812	>0.4	0.5
$N=3$	284405	124230	>0.4	0.5
$N=4$	286314	127159	>0.5	0.5

3.1.4　数值模拟结果分析

1. 黏结液体积分数分布

黏结液填充切向入口数目为 1 的雾化喷嘴的体积分数分布如图 3-4 所示。黏结液体积分数为 0.1～0.9 的区域约占总面积的 8%，区域分布方式为间断式分布，黏结液从喷嘴出口喷出形成的雾化锥角大小为 63°。喷嘴中心轴线处的空气芯的面积较小，且分布不连续，喷嘴内空气芯面积能够影响空气芯的平均直径，空气芯面积较小，从而使空气芯的平均直径也越小，导致喷嘴出口处形成的黏结液液膜厚度越大，黏结液的雾化效果越低。

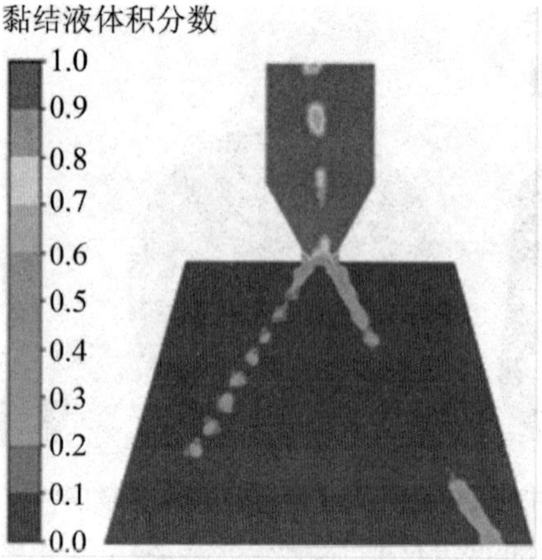

图 3-4　黏结液体积分数云图($N=1$)

Fig. 3-4　The nephogram of binder volume fraction distribution($N=1$)

黏结液填充切向入口数目为 2 的雾化喷嘴的体积分数分布如图 3-5 所示。当喷嘴切向入口数目增加到 2，黏结液体积分数为 0.1～0.9 的区域面积由 8%增大到 10%，区域分布方式由间断式分布转变为不完整的连续性分布，黏结液从喷嘴出口喷出形成的雾化锥角大小为 63°。雾化喷嘴中心轴线处的空气芯的面积增大，使空气芯的平均直径增大，导致喷嘴出口处形成的黏结液液膜厚度减小，黏结液的雾化效果得到一定提高，而黏结液从喷嘴出口喷出形成的雾化锥角并没有发生改变。

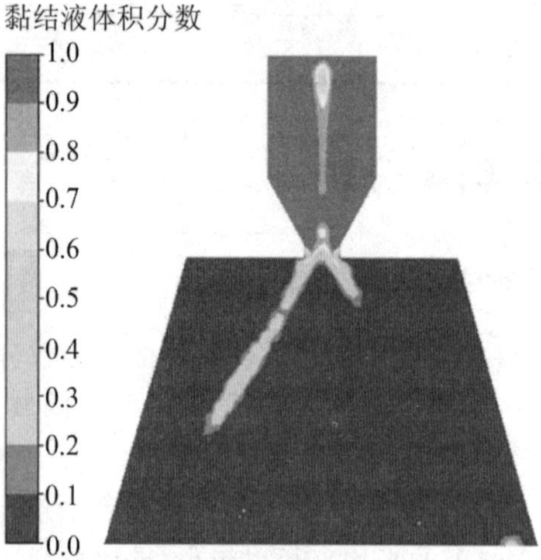

图 3-5　黏结液体积分数云图($N=2$)

Fig. 3-5　The nephogram of binder volume fraction distribution($N=2$)

图 3-6 为黏结液填充切向入口数目为 3 的雾化喷嘴的体积分数分布云图。当喷嘴切向入口数目继续增大到 3，黏结液体积分数为 0.1～0.9 的区域面积由 10% 增大到 12%，区域分布方式为没有贯穿喷嘴轴线的连续性分布，黏结液从喷嘴喷出形成的雾化锥角大小为 63°。喷嘴切向入口进一步增大到 3，并不能使黏结液从喷嘴喷出形成的雾化锥角发生变化，而喷嘴中心轴线处的空气芯的面积进一步增大，使空气芯的平均直径增大，导致喷嘴出口处形成的黏结液液膜厚度减小，有利于黏结液的雾化。

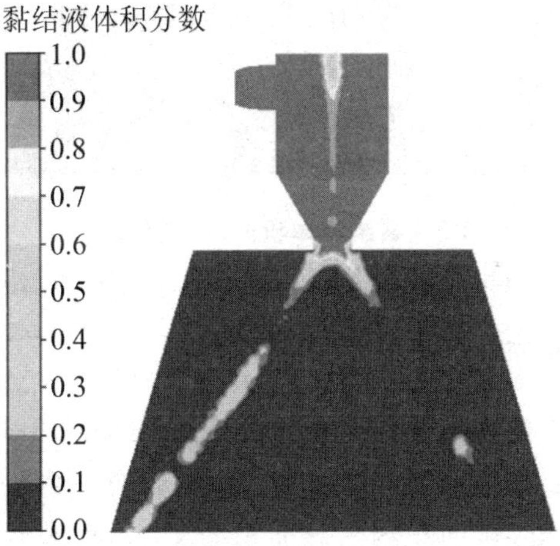

图 3-6　黏结液体积分数云图(N=3)

Fig. 3-6　The nephogram of binder volume fraction distribution(N=3)

图 3-7 为黏结液填充切向入口数目为 4 的雾化喷嘴的体积分数分布云图。黏结液体积分数为 0.1～0.9 的区域面积约占总面积的 18%，区域分布方式为没有贯穿喷嘴轴线的连续性分布，黏结液从喷嘴喷出形成的雾化锥角大小为 63°。随着喷嘴切向入口数目增加到 4，喷嘴中心轴线处的空气芯区域面积进一步增大，使沿着中心轴线分布的空气芯平均直径增大，由于空气芯平均直径的增大，喷嘴出口处的黏结液液膜厚度会不断减小，进而导致从喷嘴喷出的雾化液滴粒径更小，有利于黏结液的雾化，而喷嘴切向入口数目对黏结液从喷嘴出口喷出形成的雾化锥角影响不大。

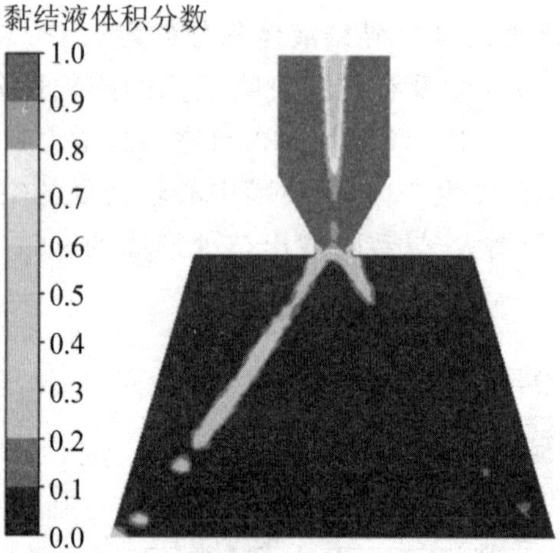

图 3-7 黏结液体积分数云图($N=4$)

Fig. 3-7 The nephogram of binder volume fraction distribution($N=4$)

2. 轴向压力分布

切向入口数目为 1 的雾化喷嘴的轴向压力分布如图 3-8 所示。轴向压力呈现由壁面两侧往中心轴线处依次减小的规律,喷嘴旋流室内的最大轴向压力梯度为 573049～645227 Pa,其区域面积约占总面积的 15%,而喷嘴出口处附近形成的负压大小为 4373 Pa。切向入口数目为 1 的雾化喷嘴旋流室内的轴向压力并没有达到最大,喷嘴旋流室内黏结液旋流强度较小,且喷嘴出口处附近形成的负压较小,使喷嘴内部与外界环境形成较小的压力差,导致只有少量的空气被倒吸入喷嘴内部,喷嘴中心轴线处空气芯的平均直径较小,则喷嘴出口处形成的黏结液液膜厚度较大,黏结液的雾化效果降低。

切向入口数目为 2 的雾化喷嘴的轴向压力分布如图 3-9 所示。轴向压力由壁面两侧往中心轴线处逐渐减小,喷嘴旋流室内的最大轴向压力梯度为645227～717405 Pa,最大轴向压力区域面积约占总面积的 5%,喷嘴出口处附近形成的负压大小为 6646 Pa。切向入口数目由 1 增加到 2,喷嘴旋流室内的轴向压力增大,使喷嘴旋流室内黏结液旋流强度增大,喷嘴出口处附近形成的负压增大,导致外界有大量的空气被倒吸入喷嘴内部形成空气芯,喷嘴中心轴线处空气芯的平均直径增大,则喷嘴出口处形成的黏结液液膜厚度减小,有利于黏结液的雾化,提高了黏结液的雾化效果。

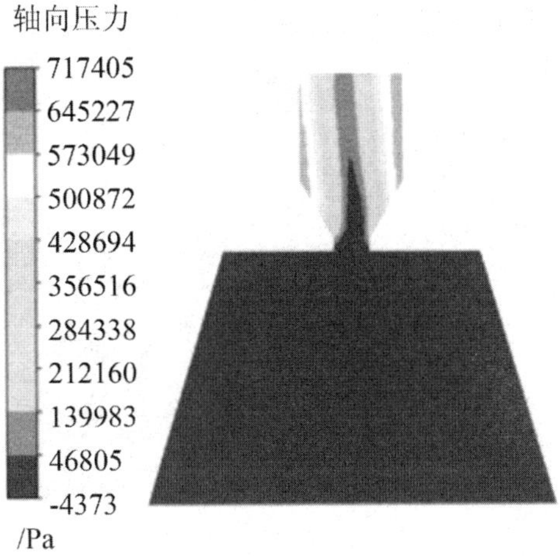

图 3-8　轴向压力分布云图($N=1$)

Fig. 3-8　The nephogram of axial pressure distribution($N=1$)

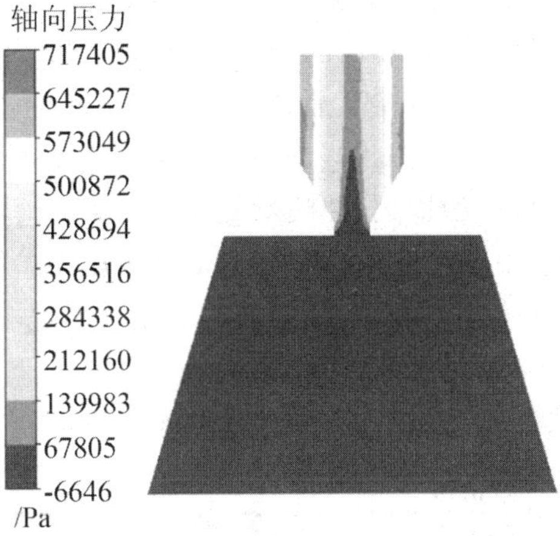

图 3-9　轴向压力分布云图($N=2$)

Fig. 3-9　The nephogram of axial pressure distribution($N=2$)

图 3-10 为切向入口数目为 3 的雾化喷嘴的轴向压力分布云图。轴向压力呈现由壁面两侧往中心轴线处逐渐减小的规律，当切向入口数目继续增加到 3，喷嘴旋流室内的最大轴向压力梯度为 645227～717405 Pa，最大轴向压力区域面积由约占总面积的 5% 增大到 7%，喷嘴出口处附近形成的负压由 6646 Pa 增大到 7784 Pa。喷嘴旋流室内的轴向压力增大，使喷嘴旋流室内黏结液旋流强度增大，喷嘴出口处附近形成的负压进一步增大，导致喷嘴中心轴线处空气芯的平均直径增大，喷嘴出口处形成的黏结液液膜厚度减小，进一步提高了黏结液的雾化效果。

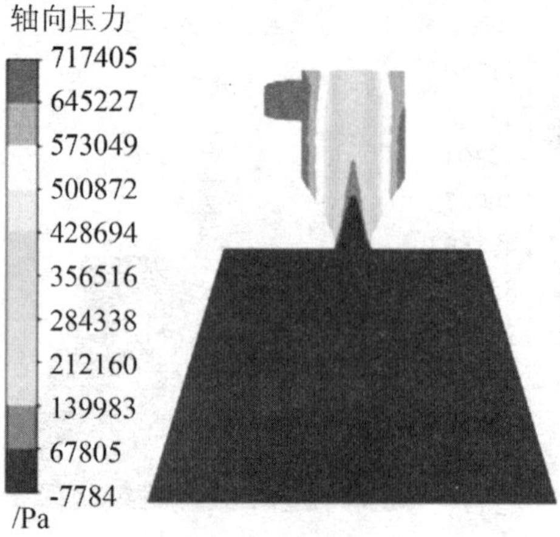

图 3-10　轴向压力分布云图($N=3$)

Fig. 3-10　The nephogram of axial pressure distribution($N=3$)

图 3-11 为切向入口数目为 4 的雾化喷嘴的轴向压力分布云图。轴向压力呈现由壁面两侧往中心轴线处逐渐减小的规律，喷嘴旋流室内的最大轴向压力梯度为 645227～717405 Pa，旋流室内最大轴向压力区域面积约占总面积的 12%，喷嘴出口处附近形成的负压为 9373 Pa。当切向入口数目进一步增大到 4 时，喷嘴旋流室内的最大轴向压力区域面积增大，使喷嘴旋流室内黏结液旋流强度增大，喷嘴出口处的负压进一步增大，由于喷嘴内部与外界形成的压力差增大，导致空气芯的平均直径增大，黏结液的液膜厚度减小，黏结液的雾化效果进一步得到提高。

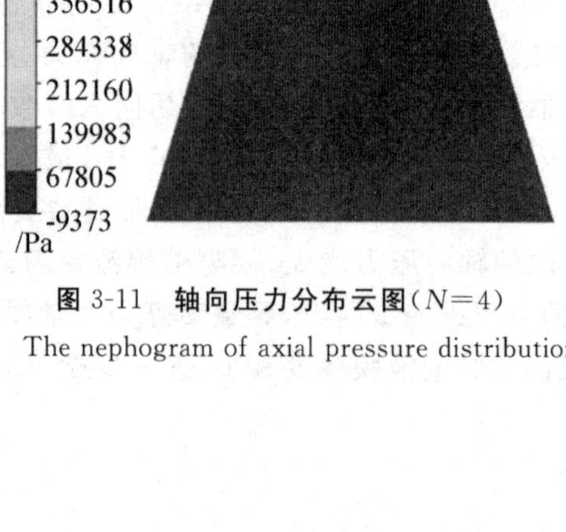

图 3-11　轴向压力分布云图($N=4$)

Fig. 3-11　The nephogram of axial pressure distribution($N=4$)

3. 径向压力分布

切向入口数目为1的雾化喷嘴的径向压力分布如图3-12所示。径向压力呈现由切向入口往旋流室圆形截面中心处逐渐减小的规律，旋流室内最大径向压力梯度为645227～717405 Pa，最大径向压力区域面积约占总面积的13%，主要分布在切向入口等直段，而旋流室处的最大径向压力梯度为573049～645227 Pa。旋流室中的径向压力较小，提供给黏结液做高速旋流运动的压降较小，使黏结液在旋流室内的旋流强度减弱，黏结液的雾化效果降低。

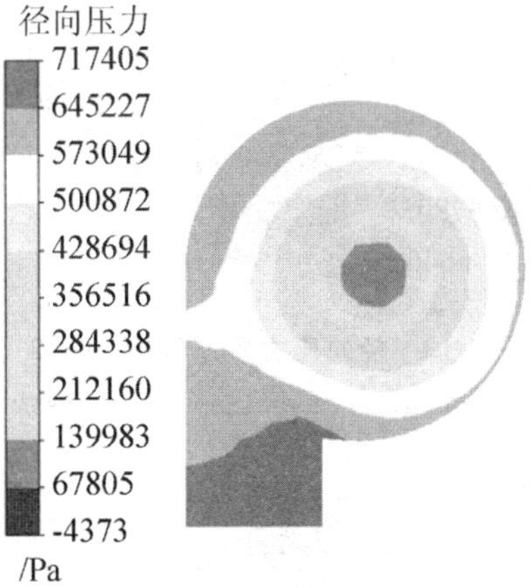

图3-12　径向压力分布云图(N=1)

Fig. 3-12　The nephogram of radial pressure distribution(N=1)

切向入口数目为2的雾化喷嘴的径向压力分布如图3-13所示。径向压力呈现由切向入口往旋流室圆形截面中心处逐渐减小的规律。当切向入口数目由1增加到2时，旋流室处的最大径向压力梯度由573049～645227 Pa增大到645227～717405 Pa，最大径向压力区域面积由约占总面积的13%增大到32%，大部分区域分布在切向入口等直段，其区域面积约为24%，一小部分区域分布在旋流室边缘处，其区域面积约为8%。当切向入口数目增加到2，旋流室处的径向压力增大，能够为黏结液做高速旋流运动提供更大的压降，增强了旋流室内黏结液的旋流强度，使黏结液更容易克服与壁面产生的摩擦约束，最终从喷嘴出口喷出，提高了黏结液的雾化效果。

图3-14为切向入口数目为3的雾化喷嘴的径向压力分布云图。径向压力呈现由切向入口往旋流室圆形截面中心处逐渐减小的规律。当切向入口数目由2进一步增加到3时，旋流室处的最大径向压力梯度也为645227～717405 Pa，但旋流

室处的最大径向压力区域面积由约占总面积的 8%增大到 13%。当切向入口数目进一步增加到 3 时，旋流室处的径向压力增大，能够增强黏结液的旋流强度，有利于黏结液的雾化。

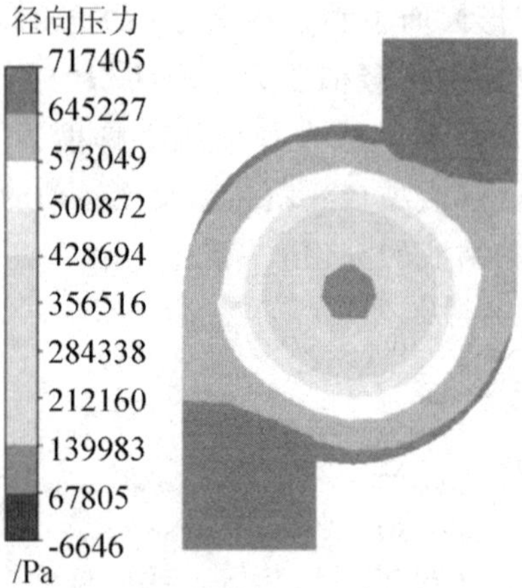

图 3-13　径向压力分布云图（$N=2$）

Fig. 3-13　The nephogram of radial pressure distribution($N=2$)

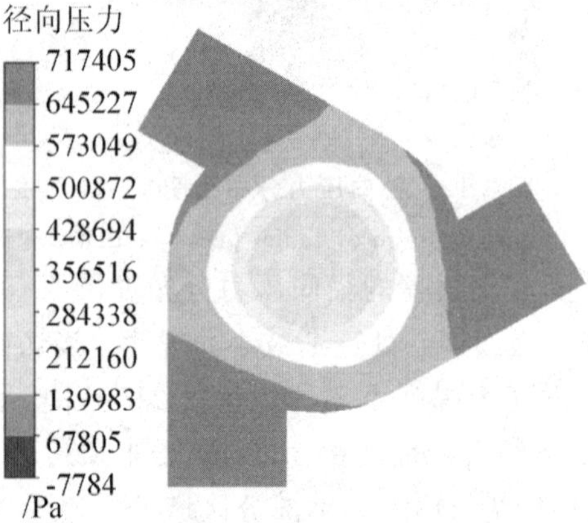

图 3-14　径向压力分布云图（$N=3$）

Fig. 3-14　The nephogram of radial pressure distribution($N=3$)

图 3-15 为切向入口数目为 4 的雾化喷嘴的径向压力分布云图。径向压力由切向入口往旋流室圆形截面中心处逐渐减小，当切向入口数目由 3 进一步增加到 4 时，旋流室处的最大径向压力梯度也为 645227～717405 Pa，但旋流室处的最大径向压力区域面积由约占总面积的 13%增大到 20%。随着切向入口数目继续增加到 4，旋流室处的径向压力增大，黏结液的旋流强度得到增强，黏结液更容易克

服与壁面产生的摩擦力从喷嘴出口喷出，进一步提高了黏结液的雾化效果。

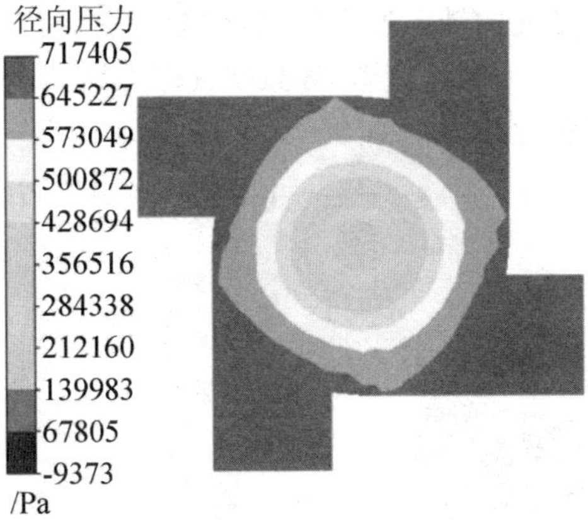

图 3-15　**径向压力分布云图**（$N=4$）

Fig. 3-15　The nephogram of radial pressure distribution($N=4$)

4. 轴向速度分布

切向入口数目为 1 的雾化喷嘴的黏结液轴向速度分布如图 3-16 所示。黏结液在喷嘴内做自上而下的高速旋流运动，切向入口数目为 1 的喷嘴旋流室处和出口处的黏结液最大轴向速度梯度都为 3.40～3.89 m/s。黏结液在旋流室处的旋流强度较小，使黏结液从喷嘴喷出的时间增加，黏结液从喷嘴出口喷出后，雾化液与外界空气形成较小的速度差，黏结液液膜难以破碎成更细小的雾化液滴，黏结液的雾化效果降低。

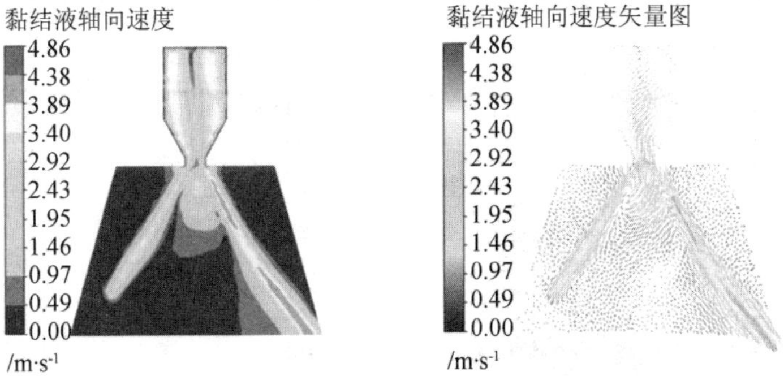

图 3-16　**黏结液轴向速度分布云图**（$N=1$）

Fig. 3-16　The nephogram of axial velocity distribution of binder($N=1$)

切向入口数目为 2 的雾化喷嘴的黏结液轴向速度分布如图 3-17 所示。黏结液在喷嘴内做自上而下的高速旋流运动，喷嘴旋流室处和出口处的黏结液最大轴向速度梯度分别为 3.40～3.89 m/s、3.89～4.38 m/s。当切向入口数目由 1 增加到 2 时，喷嘴出口处黏结液的轴向速度增大，缩短了黏结液从喷嘴喷出的时间，黏结液与外界空气会形成较大的速度差，导致空气动力增大，加快了黏结液液膜的破碎，提高了黏结液的雾化效果。

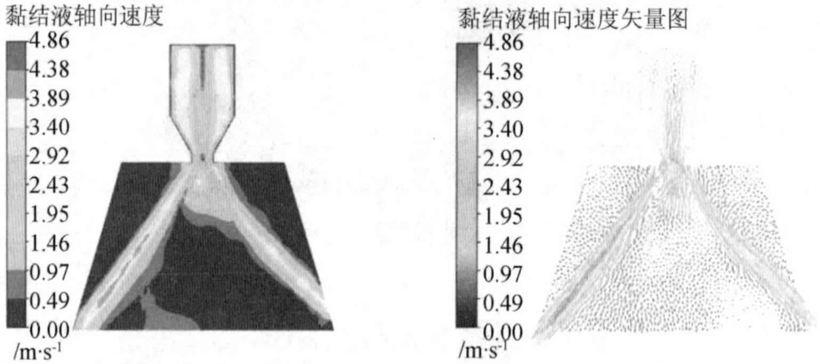

图 3-17　黏结液轴向速度分布云图(N=2)

Fig. 3-17　The nephogram of axial velocity distribution of binder(N=2)

图 3-18 为切向入口数目为 3 的雾化喷嘴的黏结液轴向速度分布云图。黏结液在喷嘴内做自上而下的高速旋流运动，当切向入口数目由 2 增加到 3 时，喷嘴旋流室处的黏结液最大轴向速度梯度并没有发生变化，出口处的黏结液最大轴向速度梯度也为 3.89～4.38 m/s，但出口处的黏结液最大轴向速度区域面积更大。切向入口数目的进一步增加使出口处黏结液的轴向速度增大，缩短了黏结液从喷嘴喷出的时间，使黏结液与外界空气形成的速度差增大，导致空气动力增大，加快了黏结液液膜的破碎，最终变为更细小的雾化液滴，进一步提高了黏结液的雾化效果。

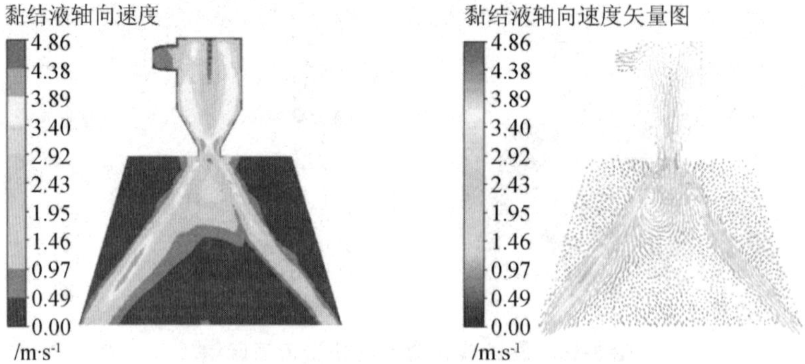

图 3-18　黏结液轴向速度分布云图(N=3)

Fig. 3-18　The nephogram of axial velocity distribution of binder(N=3)

图 3-19 为切向入口数目为 4 的雾化喷嘴的黏结液轴向速度分布云图。黏结液在喷嘴内做自上而下的高速旋流运动，当切向入口数目进一步增加到 4 时，喷嘴旋流室处的黏结液最大轴向速度梯度由 3.40～3.89 m/s 增大至 3.89～4.38 m/s，出口处的黏结液最大轴向速度梯度由 3.89～4.38 m/s 增大至 4.38～4.86 m/s。当切向入口数目增加到 4 时，出口处黏结液的轴向速度大幅度增大，大大缩短黏结液从喷嘴喷出的时间，黏结液与外界空气形成了更大的速度差，进而产生了更大的空气动力，黏结液液膜的破碎过程变得更加容易，最终变为更细小的雾化液滴，有利于黏结液的雾化。

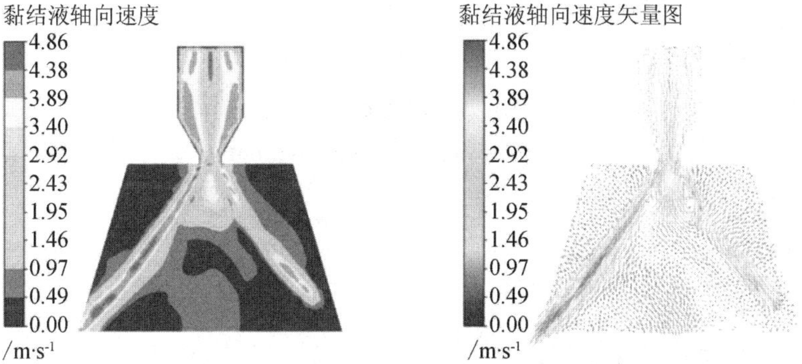

图 3-19　黏结液轴向速度分布云图(N=4)

Fig. 3-19　The nephogram of axial velocity distribution of binder(N=4)

5. 径向速度分布

切向入口数目为 1 的雾化喷嘴的黏结液径向速度分布如图 3-20 所示。黏结液在喷嘴内做高速的旋流运动，黏结液径向速度在圆形截面 2/3 处达到最大，并呈现由圆形截面 2/3 处往两边逐渐减小的规律。切向入口数目为 1 的喷嘴出口处的黏结液最大径向速度梯度为 3.40～3.89 m/s，黏结液在出口处的径向速度较小，出口处的黏结液液膜所受到的离心力较小，导致喷出后的黏结液与外界空气产生较小的速度差，黏结液液膜的破碎强度降低，黏结液的雾化效果下降。

切向入口数目为 2 的雾化喷嘴的黏结液径向速度分布如图 3-21 所示。黏结液径向速度在圆形截面 2/3 处达到最大，并呈现由圆形截面 2/3 处往两边逐渐减小的规律，当切向入口数目增加到 2 时，喷嘴出口处的黏结液最大径向速度梯度由 3.40～3.89 m/s 增大到 3.89～4.38 m/s。切向入口数目的增加，使得出口处黏结液的径向速度增大，进而使出口处的黏结液液膜的离心运动变得更加剧烈，喷出后的黏结液与外界空气形成的速度差增大，加速了黏结液液膜的破碎进程，提高了黏结液的雾化效果。

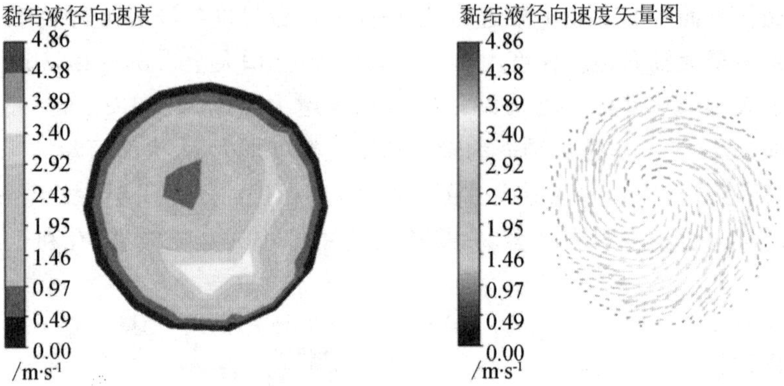

图 3-20　黏结液径向速度分布云图(N=1)

Fig. 3-20　The nephogram of radial velocity distribution of binder(N=1)

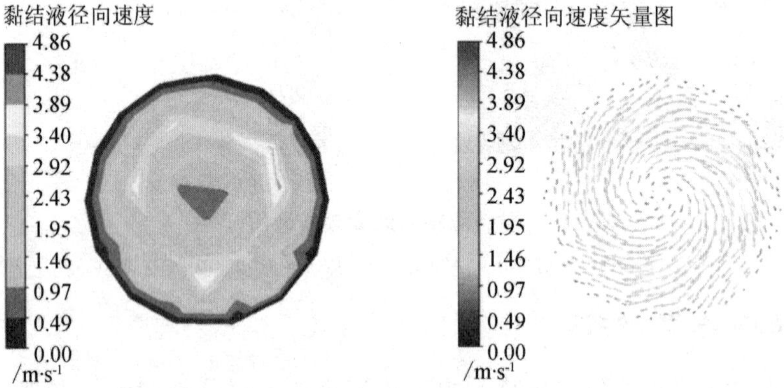

图 3-21　黏结液径向速度分布云图(N=2)

Fig. 3-21　The nephogram of radial velocity distribution of binder(N=2)

图 3-22 为切向入口数目为 3 的雾化喷嘴的黏结液径向速度分布云图。黏结液最大径向速度出现在圆形截面 2/3 处,并呈现由圆形截面 2/3 处往两边逐渐减小的规律,当切向入口数目继续增加到 3 时,喷嘴出口处的黏结液最大径向速度梯度由 3.89～4.38 m/s 增大到 4.38～4.86 m/s。当切向入口数目继续增加到 3 时,出口处黏结液的径向速度进一步增大,出口处黏结液液膜受到的离心力增大,增强了黏结液液膜的离心运动强度,使喷出后的黏结液与外界空气形成的速度差进一步增大,黏结液液膜的破碎变得更加容易,进一步提高了黏结液的雾化效果。

图 3-23 为切向入口数目为 4 的雾化喷嘴的黏结液径向速度分布云图。圆形截面 2/3 处的黏结液径向速度达到最大,黏结液径向速度由圆形截面 2/3 处往两

边逐渐减小，切向入口数目为 4 的喷嘴出口处的黏结液最大径向速度梯度为 4.38～4.86 m/s，相比切向入口数目为 3 的喷嘴，切向入口数目为 4 的喷嘴出口处黏结液的最大径向速度区域面积更大。切向入口数目的进一步增大，使出口处的黏结液径向速度增大，从而使出口处黏结液液膜受到的离心力增大，加快了黏结液液膜的离心运动，喷出后的黏结液与外界空气形成的速度差增大，使黏结液液膜更易破碎成细小的黏结液雾化液滴，有利于黏结液的雾化。

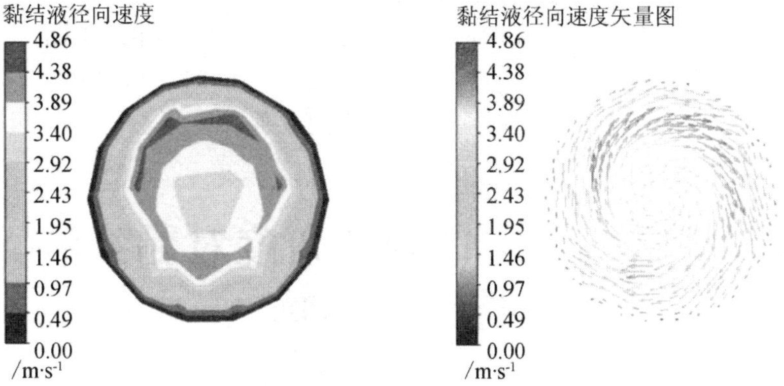

图 3-22　黏结液径向速度分布云图（$N=3$）

Fig. 3-22　The nephogram of radial velocity distribution of binder($N=3$)

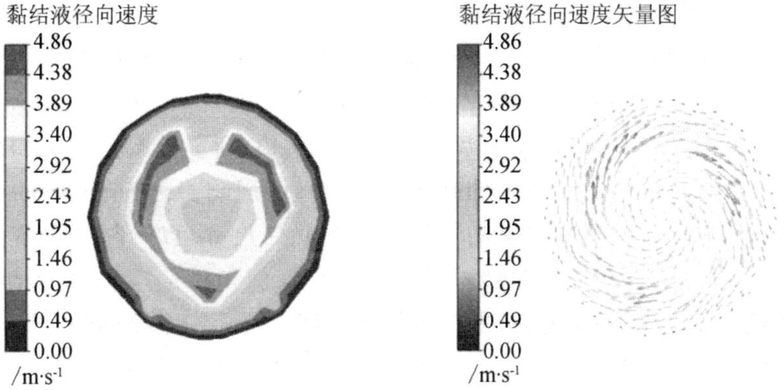

图 3-23　黏结液径向速度分布云图（$N=4$）

Fig. 3-23　The nephogram of radial velocity distribution of binder($N=4$)

3.1.5 结论

(1)喷嘴切向入口数目的增加,能够使黏结液在喷嘴旋流室内的旋流强度增大,喷嘴出口附近处的负压增大,从而形成平均直径更大的空气芯,黏结液的出口速度增大,但对雾化锥角的影响很小。与切向入口数目分别为1、2、3的喷嘴相比,切向入口数目为4的喷嘴出口处黏结液的速度更大,黏结液与外界空气形成了更大的速度差,导致空气动力增大,有利于黏结液的雾化。

(2)相比切向入口数目为2的原喷嘴,切向入口数目为4的喷嘴空气芯平均直径、黏结液旋流强度更大,喷嘴出口附近处的负压由6646 Pa增大到9373 Pa,黏结液出口速度更大,黏结液的雾化效果有了一定的改善。

3.2 喷嘴切向入口倾斜角度对黏结液雾化特性的影响

3.2.1 不同切向入口倾斜角度的喷嘴模拟区域简化

为进一步探究喷嘴切向入口倾斜角度对多相流旋转耦合场制备 Si_3N_4 颗粒的黏结液雾化过程的影响,继续对多相流旋转耦合场雾化喷嘴的入口结构进行优化,以切向入口数目为4的雾化喷嘴为基础,通过SolidWorks软件对切向入口倾斜角度分别为0°、15°、30°和45°的雾化喷嘴进行三维建模,研究喷嘴切向入口倾斜角度对黏结液在喷嘴内部的流场分布和外部喷雾特性的影响。由于喷嘴切向入口倾斜角度的改变并不会改变喷嘴本身的结构组成和几何尺寸,以倾斜0°的雾化喷嘴的结构组成和几何尺寸为参考,四种不同切向入口倾斜角度的雾化喷嘴结构简图如图3-24所示。图3-24(a)为倾斜0°的喷嘴,图3-24(b)为倾斜15°的喷嘴,图3-24(c)为倾斜30°的喷嘴,图3-24(d)为倾斜45°的喷嘴。四种不同切向倾斜角度的多相流旋转耦合场雾化喷嘴的结构组成一致,均由四个切向入口、旋流室、收缩段和出口等直段组成。

四种不同切向入口倾斜角度的多相流旋转耦合场雾化喷嘴的结构参数如表3-2所示,L 为喷嘴总长度;L_s 为旋流室高度;L_o 为喷嘴出口等直段长度;d_t 为切向入口直径;D_s 为旋流室内径;d_o 为出口直径;θ 为收缩角;α_1、α_2、α_3、α_4 分别为四种喷嘴的切向入口倾斜角度。

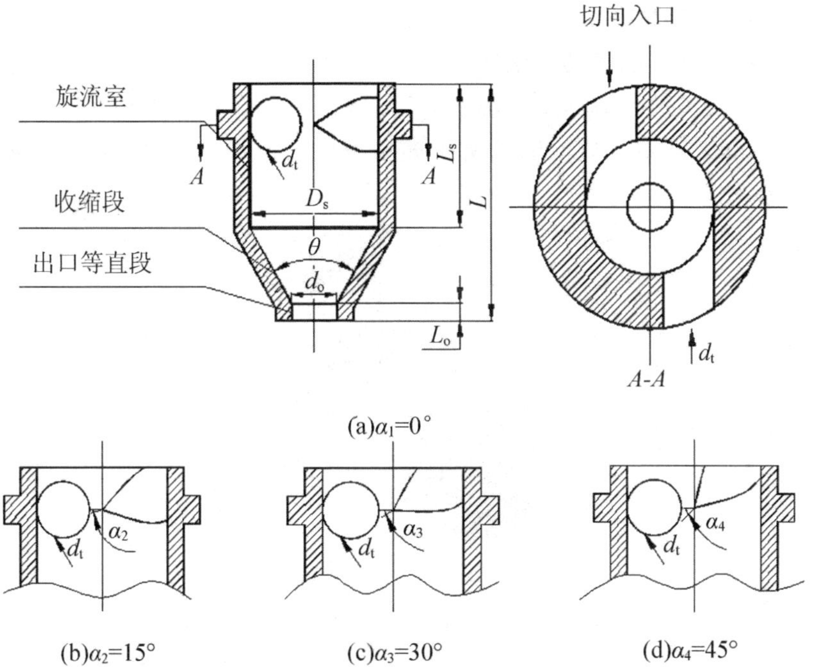

图 3-24　不同切向入口倾斜角度的雾化喷嘴结构简图

Fig. 3-24　Structure diagram of nozzle with different deflection angle of tangential inlets

表 3-2　不同切向入口数目的雾化喷嘴结构参数

Table3-2　Structural parameters of nozzle with different deflection angle of tangential inlets

L/mm	L_s/mm	L_o/mm	d_t/mm	D_s/mm	d_o/mm	θ/°	α_1/°	α_2/°	α_3/°	α_4/°
35	21.24	2.5	8	20	7	60	0	15	30	45

3.2.2　边界条件设置

通过 SolidWorks 软件对四种不同切向入口倾斜角度的多相流旋转耦合场雾化喷嘴进行三维建模，再将喷嘴三维模型导入 ICEM 中进行边界条件设置，由于四种不同切向入口倾斜角度的喷嘴边界条件相同，因此仅选取切向入口倾斜角度为 30°的喷嘴作为参考，边界条件如图 3-25 所示。数值模拟区域包括旋流室、收缩段、出口等直段和上底面直径为 50 mm、下底面直径为 80 mm、高度为 50 mm 的圆台四部分。喷嘴入口边界条件设为压力入口，总压设为 0.7 MPa，黏结液体积分数设为 1，说明只有黏结液进入喷嘴内。喷嘴出口边界条件设为压力出口，表压设为标准大气压，黏结液体积分数设为 0，保证黏结液从喷嘴出口喷出后不会回流，提高数值模拟的精度。喷嘴的其余区域设置为无滑移的静止墙，采用标准壁面函数。喷嘴三维物理模型的坐标原点为圆台上底面的中心，沿着喷嘴轴线的方向为 y 方向，垂直面为 x-z 平面。数值模拟所用黏结液的密度设为 2000 kg/m^3，黏度设为 0.02 kg/(m・s)。

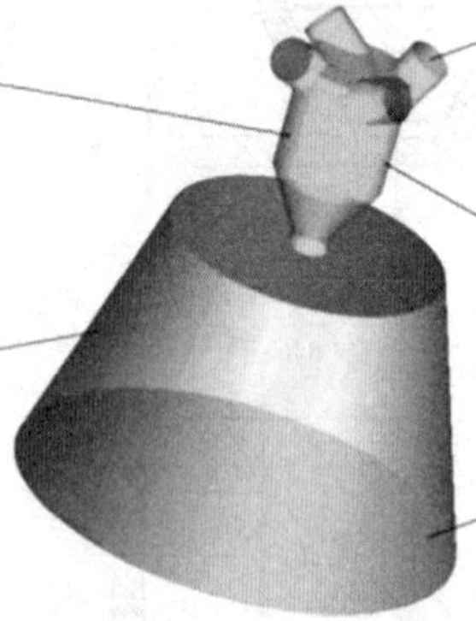

图 3-25　切向入口倾斜角度为 30°的雾化喷嘴物理模型示意图

Fig. 3-25　Diagram of physical model of nozzle with the tangential inlet deflection angle of 30°

3.2.3　计算网格划分

为有效对黏结液在四种不同切向入口倾斜角度的喷嘴的内部流场分布和外部喷雾特性进行数值模拟，改善 Si_3N_4 颗粒的质量。通过网格划分软件 ICEM 对四种不同切向入口倾斜角度的多相流旋转耦合场雾化喷嘴进行三维网格划分，由于四种喷嘴的网格划分条件相同，仅选取切向入口倾斜角度为 30°的喷嘴网格模型作为参考，其网格模型如图 3-26 所示。采用四面体非结构性网格对复杂的喷嘴切向入口部分至旋流室的区域进行划分，其余部分结构截面均为规则的圆形，因此采用 O 型分块进行六面体结构性网格划分。为进一步提高网格计算精度，采用 prism 网格对切向入口与旋流室相交区域进行加密，对旋流室边缘处的四面体网格和收缩段的六面体网格进行节点合并。

利用以上网格划分方法对四种不同切向入口倾斜角度的喷嘴进行混合网格划分，得到四种喷嘴网格的相关参数如表 3-3 所示，并对喷嘴的网格质量进行检验，保证数值模拟的计算稳定性。

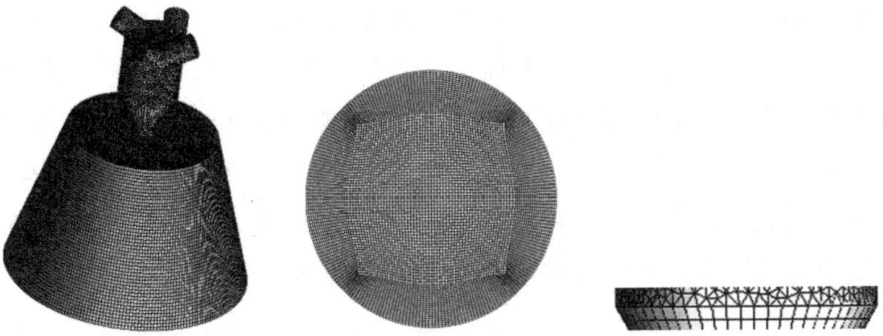

图 3-26　切向入口倾斜角度为 30°的雾化喷嘴三维网格模型示意图

Fig. 3-26　Diagram of 3D grid model of nozzle with the tangential inlet deflection angle of 30°

表 3-3　不同切向入口倾斜角度的雾化喷嘴网格参数

Table3-3　Grid parameters of nozzle with different deflection angle of tangential inlets

喷嘴类型	喷嘴网格参数			
	网格数	节点	质量	尺寸/mm
$\alpha_1=0°$	286314	127159	>0.6	0.5
$\alpha_2=15°$	281256	120035	>0.5	0.5
$\alpha_3=30°$	276789	115893	>0.65	0.5
$\alpha_4=45°$	298541	132458	>0.4	0.5

3.2.4　数值模拟结果分析

1. 黏结液体积分数分布

图 3-27 为黏结液填充切向入口倾斜角度为 15°的雾化喷嘴的体积分数分布云图。当喷嘴切向入口倾斜角度增大到 15°，黏结液体积分数为 0.1～0.9 的区域面积由约占总面积的 18%增大到 20%，空气芯的轴向分布方式由不完整的连续式分布转变为完整的连续性分布，黏结液从喷嘴喷出形成的雾化锥角由 63°增大到 70°。当喷嘴切向入口倾斜角度由 0°增大到 15°时，喷嘴中心轴线处的空气芯区域面积增大，使空气芯的平均直径增大，喷嘴出口处形成的黏结液液膜厚度减小，黏结液从喷嘴喷出形成的雾化锥角增大，有利于黏结液的雾化。

图 3-28 为黏结液填充切向入口倾斜角度为 30°的雾化喷嘴的体积分数分布云

图。当喷嘴切向入口倾斜角度进一步增大到 30°，黏结液体积分数为 0.1～0.9 的区域面积由约占总面积的 20%增大到 25%，空气芯的轴向分布方式为贯穿喷嘴中心轴线的连续性分布，黏结液从喷嘴喷出形成的雾化锥角由 70°增大到 74°。当喷嘴切向入口倾斜角度继续增大到 30°，空气芯区域面积的进一步增大使空气芯的平均直径继续增大，喷嘴出口处形成的黏结液液膜厚度减小，黏结液从喷嘴喷出形成的雾化锥角增大，黏结液的雾化效果得到进一步提高。

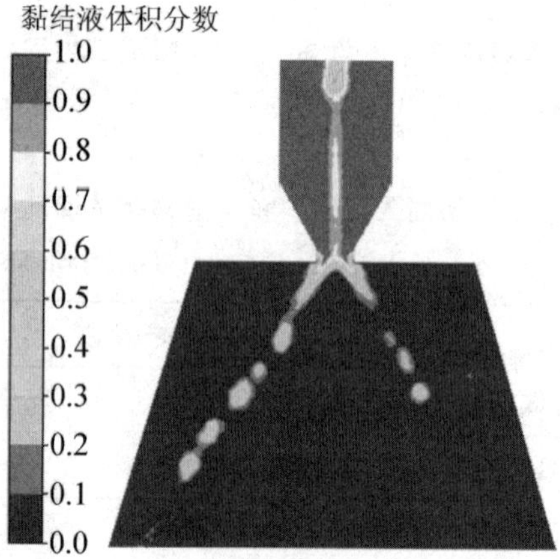

图 3-27　黏结液体积分数云图($\alpha_2 = 15°$)

Fig. 3-27　The nephogram of binder volume fraction distribution($\alpha_2 = 15°$)

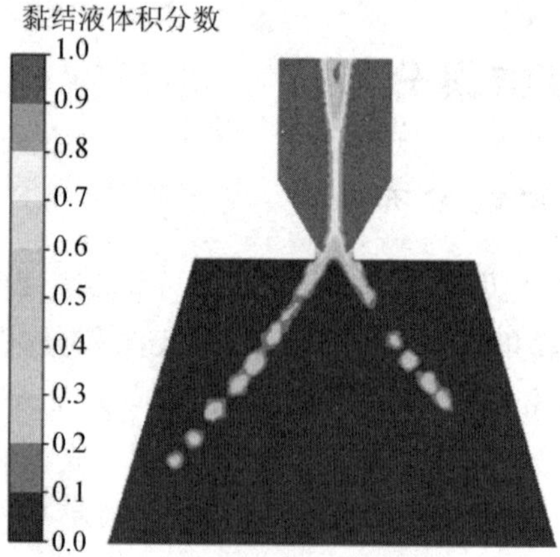

图 3-28　黏结液体积分数云图($\alpha_3 = 30°$)

Fig. 3-28　The nephogram of binder volume fraction distribution($\alpha_3 = 30°$)

黏结液填充切向入口倾斜角度为 45°的雾化喷嘴的体积分数分布如图 3-29 所示。当喷嘴切向入口倾斜角度继续增大到 45°，黏结液体积分数为 0.1～0.9 的区域面积由约占总面积的 25％减小到 10％，空气芯区域主要分布在旋流室以下区域，黏结液从喷嘴喷出形成的雾化锥角由 74°减小到 55°。当喷嘴切向入口倾斜角度继续增大到 45°，空气芯区域面积大幅度减小，使空气芯的平均直径减小，导致喷嘴出口处形成的黏结液液膜厚度增大，黏结液从喷嘴喷出形成的雾化锥角减小，黏结液的雾化效果大幅度降低。

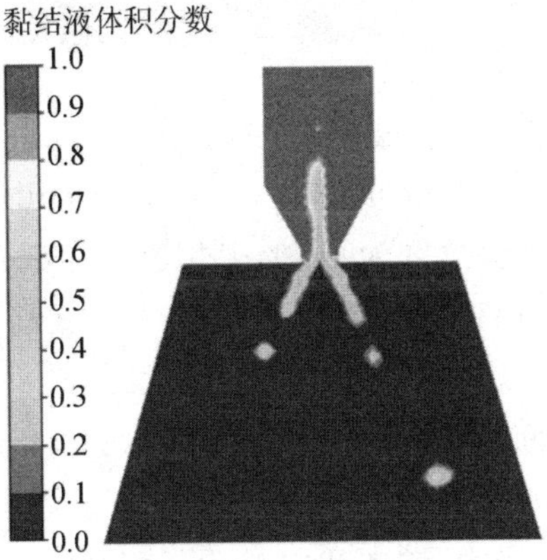

图 3-29　黏结液体积分数云图（$\alpha_4=45°$）

Fig. 3-29　The nephogram of binder volume fraction distribution（$\alpha_4=45°$）

2. 轴向压力分布

切向入口倾斜角度为 15°的多相流旋转耦合场雾化喷嘴的轴向压力分布如图 3-30 所示。轴向压力呈现由壁面两侧往中心轴线处逐渐减小的规律，喷嘴旋流室内的最大轴向压力梯度为657431～730974 Pa，最大轴向压力区域面积约占总面积的 14％，喷嘴出口处附近形成的负压大小为 10567 Pa。当切向倾斜角度增大到 15°，喷嘴旋流室内的最大轴向压力梯度由 645227～717405 Pa 增大到 657431～730974 Pa，喷嘴旋流室内黏结液旋流强度增大，喷嘴出口处附近形成的负压由 9373 Pa 增大到 10567 Pa，喷嘴内部与外界环境形成的压力差增大，这会导致外界有更多的空气被倒吸入喷嘴内部，使中心轴线处的空气芯的平均直径增大，喷嘴出口处形成的黏结液液膜厚度减小，有利于黏结液的雾化。

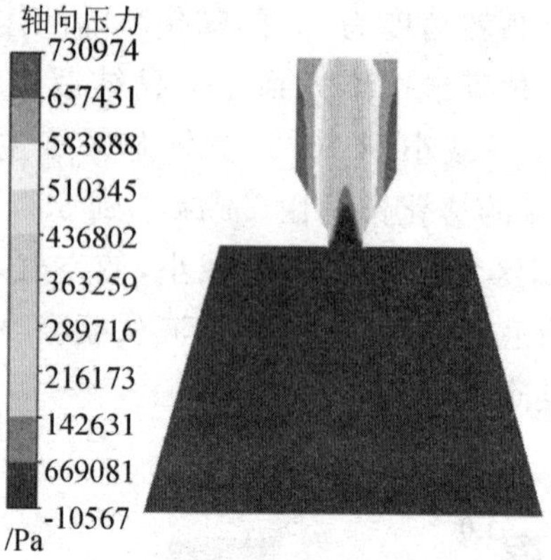

图 3-30　轴向压力分布云图($\alpha_2=15°$)

Fig. 3-30　The nephogram of axial pressure distribution($\alpha_2=15°$)

图 3-31 为切向入口倾斜角度为 30°的多相流旋转耦合场雾化喷嘴的轴向压力分布云图。轴向压力呈现由壁面两侧往中心轴线处逐渐减小的规律，当切向入口倾斜角度由 15°增大到 30°后，喷嘴旋流室内的最大轴向压力梯度并没有发生变化，但最大轴向压力区域面积由约占总面积的 14%增大到 20%，喷嘴出口处附近形成的负压由 10567 Pa 增大到 11429 Pa。当切向倾斜角度增大到 30°后，喷嘴旋流室内黏结液的旋流强度增大，喷嘴出口处附近形成的负压进一步增大，使喷嘴内部与外界环境形成更大的压力差，导致外界有更多的空气被倒吸入喷嘴内部，喷嘴中心轴线处空气芯的平均直径进一步增大，则喷嘴出口处形成的黏结液液膜厚度会相应减小，提高了黏结液的雾化效果。

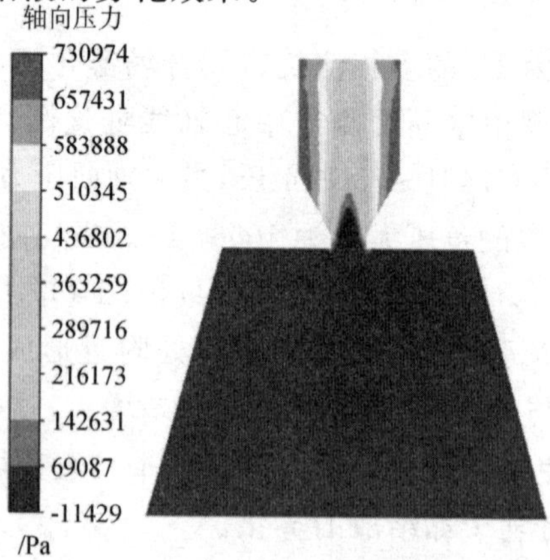

图 3-31　轴向压力分布云图($\alpha_3=30°$)

Fig. 3-31　The nephogram of axial pressure distribution($\alpha_3=30°$)

切向入口倾斜角度为 45°的雾化喷嘴的轴向压力分布如图 3-32 所示。轴向压力呈现由壁面两侧往中心轴线处逐渐减小的规律，当切向入口倾斜角度进一步增大到 45°，喷嘴旋流室内的最大轴向压力梯度并没有发生变化，但最大轴向压力区域面积却出现大幅度减小，由约占总面积的 20%减小到 9%，喷嘴出口处的负压由 11429 Pa 减小到 7642 Pa。当切向倾斜角度进一步增大到 45°后，喷嘴旋流室内黏结液的旋流强度得到大幅度削弱，喷嘴出口处附近形成的负压大幅度减小，使喷嘴内部与外界环境形成的压力差减小，导致喷嘴中心轴线处空气芯的平均直径减小，喷嘴出口处形成的黏结液液膜厚度大幅度增大，不利于黏结液的雾化。

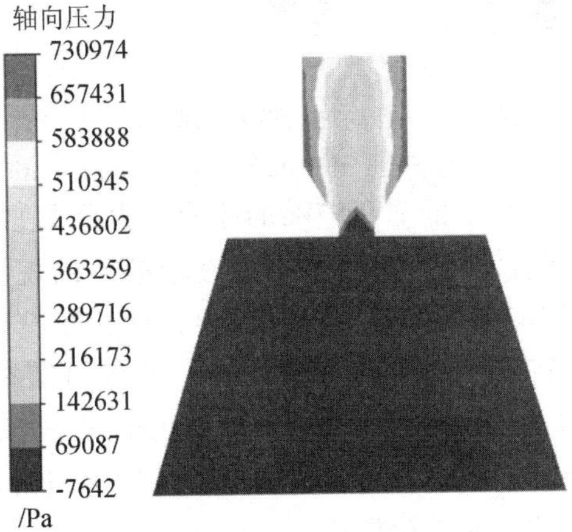

图 3-32　轴向压力分布云图($\alpha_4=45°$)

Fig. 3-32　The nephogram of axial pressure distribution($\alpha_4=45°$)

3. 径向压力分布

切向入口倾斜角度为 15°的雾化喷嘴的径向压力分布如图 3-33 所示。径向压力呈现由切向入口往旋流室圆形截面中心处逐渐减小的规律，以旋流室圆形截面为参考，当切向入口倾斜角度由 0°增大到 15°，旋流室处的最大径向压力梯度由 645227～717405 Pa 增大到 657431～730974 Pa，最大径向压力区域面积约占总面积的 8%。切向入口倾斜角度增大到 15°，旋流室处的径向压力明显增大，能够提供更大的压降给黏结液做高速旋流运动，增强了旋流室内黏结液的旋流强度，使黏结液更容易克服与壁面的摩擦阻力，缩短了黏结液从喷嘴喷出的时间，有利于黏结液的雾化。

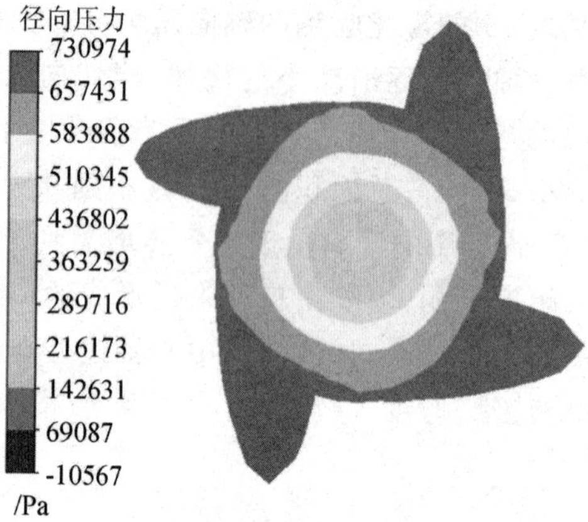

图 3-33　**径向压力分布云图**($\alpha_2=15°$)

Fig. 3-33　The nephogram of radial pressure distribution($\alpha_2=15°$)

切向入口倾斜角度为 30°的雾化喷嘴的径向压力分布如图 3-34 所示。径向压力呈现由切向入口往旋流室圆形截面中心处逐渐减小的规律，当切向入口倾斜角度进一步增大到 30°，旋流室处的最大径向压力梯度并没有发生变化，而最大径向压力区域面积由约占总面积的 8%增大到 20%。当入口倾斜角度继续增大到 30°，旋流室处的径向压力大幅度增大，能够增大喷嘴内的压降，大幅度增强了旋流室内黏结液的旋流强度，使黏结液更容易克服与壁面的摩擦阻力，缩短了黏结液从喷嘴喷出的时间，提高了黏结液的雾化效果。

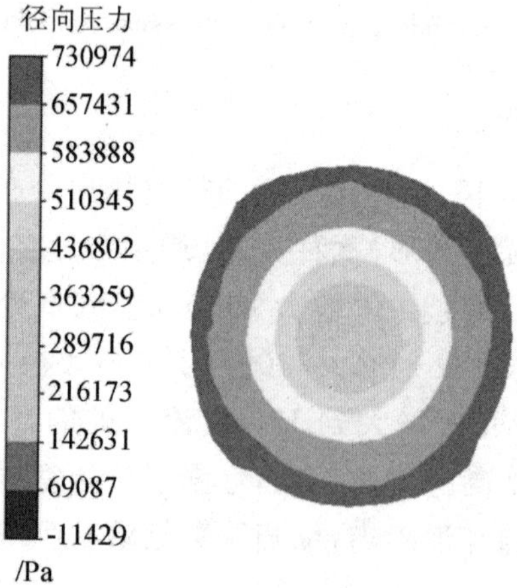

图 3-34　**径向压力分布云图**($\alpha_3=30°$)

Fig. 3-34　The nephogram of radial pressure distribution($\alpha_3=30°$)

切向入口倾斜角度为 45°的雾化喷嘴的径向压力分布如图 3-35 所示。径向压力由切向入口往旋流室圆形截面中心处逐渐减小，当切向入口倾斜角度继续增大到 45°，旋流室处的最大径向压力梯度也没有发生变化，而最大径向压力区域面积却出现大幅度减小，由约占总面积的 20%减小到 10%。当入口倾斜角度进一步增大到 45°，旋流室处的径向压力大幅度减小，使喷嘴内的压降减小，由于提供的压降较小，减弱了黏结液的旋流运动，大幅度降低了旋流室内黏结液的旋流强度，使黏结液难以克服在沿途过程中受到的约束，增加了黏结液从喷嘴喷出的时间，降低了黏结液的雾化效果。

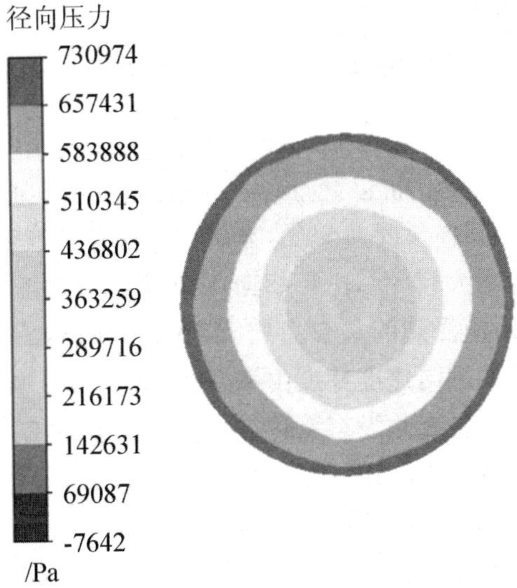

图 3-35　径向压力分布云图（$\alpha_4=45°$）

Fig. 3-35　The nephogram of radial pressure distribution($\alpha_4=45°$)

4. 轴向速度分布

切向入口倾斜角度为 15°的雾化喷嘴的黏结液轴向速度分布如图 3-36 所示。当切向入口倾斜角度从 0°增大到 15°，喷嘴旋流室处的黏结液最大轴向速度梯度由 3.89～4.38 m/s 增大到 3.79～4.43 m/s，出口处的黏结液最大轴向速度梯度由 4.38～4.86 m/s 增大到 5.69～6.32 m/s。当切向入口倾斜角度增大到 15°，由于切向入口与旋流室呈一定的角度，导致黏结液除了受离心力之外，还会受到轴向力的作用。随着时间的推移，黏结液受到的轴向力会转化为离心力，离心力的增大使旋流室内黏结液的旋流强度增强，旋流室处和出口处的黏结液轴向速度增大，使喷出的黏结液与外界空气形成较大的速度差，进而增大了空气动力，加快了黏结液液膜的破碎过程，最终变为更细小的雾化液滴，有利于黏结液的雾化。

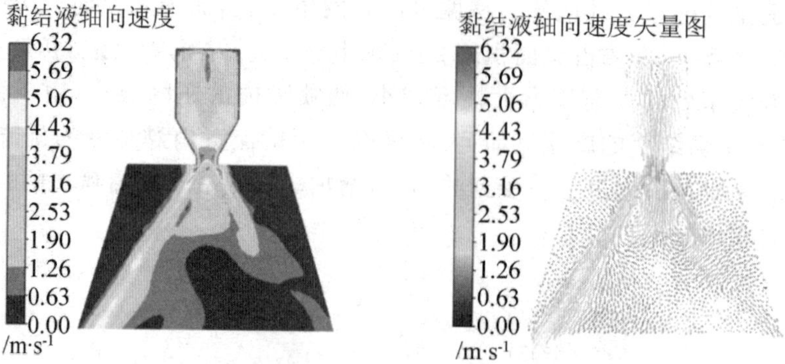

图 3-36　黏结液轴向速度分布云图($\alpha_2=15°$)

Fig. 3-36　The nephogram of axial velocity distribution of binder($\alpha_2=15°$)

图 3-37 为切向入口倾斜角度为 30°的雾化喷嘴的黏结液轴向速度分布云图。当切向入口倾斜角度继续增大到 30°，由于切向入口倾斜角度增大，导致黏结液受到的轴向力增大，从而使黏结液受到的离心力增大，旋流室内黏结液的旋流强度增强，喷嘴旋流室处的黏结液最大轴向速度梯度由 3.79～4.43 m/s 增大到4.43～5.06 m/s，出口处的黏结液最大轴向速度并没有变化，但出口处的黏结液最大轴向速度区域面积增大。喷嘴出口处黏结液的轴向速度增大，能够缩短黏结液从喷嘴喷出的时间，黏结液与外界空气形成的速度差增大，进而增大了空气动力，加快了黏结液液膜的破碎过程，黏结液的雾化效果进一步提高。

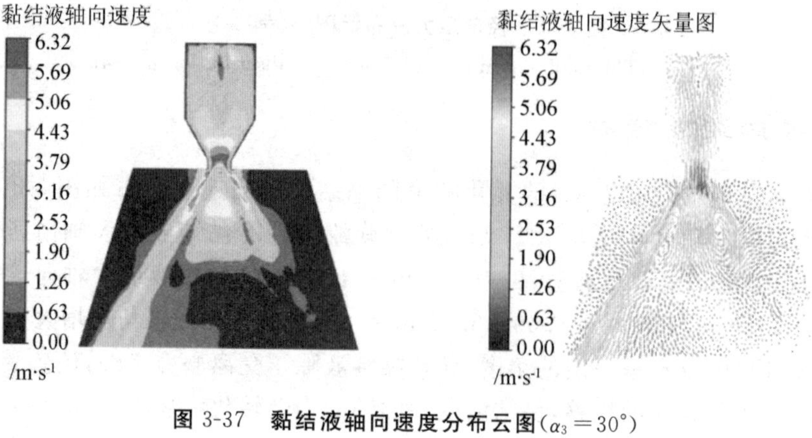

图 3-37　黏结液轴向速度分布云图($\alpha_3=30°$)

Fig. 3-37　The nephogram of axial velocity distribution of binder($\alpha_3=30°$)

切向入口倾斜角度为 45°的雾化喷嘴的黏结液轴向速度分布如图 3-38 所示。当切向入口倾斜角度进一步增大到 45°，由于切向入口倾斜角度过大，黏结液受到的轴向力过大，从而会减弱黏结液的旋流运动，大部分黏结液由原来的旋流运动变为轴向运动，旋流室内黏结液的旋流强度得到削弱，喷嘴旋流室处的黏结液最大轴向速度梯度由 4.43～5.06 m/s 减小到 3.16～3.79 m/s，出口处的黏结液最大轴向速度梯度由 5.69～6.32 m/s 减小到 4.43～5.06 m/s。喷嘴出口处黏结液的轴向速度大幅度减小，增加了黏结液从喷嘴喷出的时间，黏结液与外界空气形成的速度差减小，导致空气动力减小，使黏结液液膜的破碎过程变得更加困难，不利于黏结液的雾化。

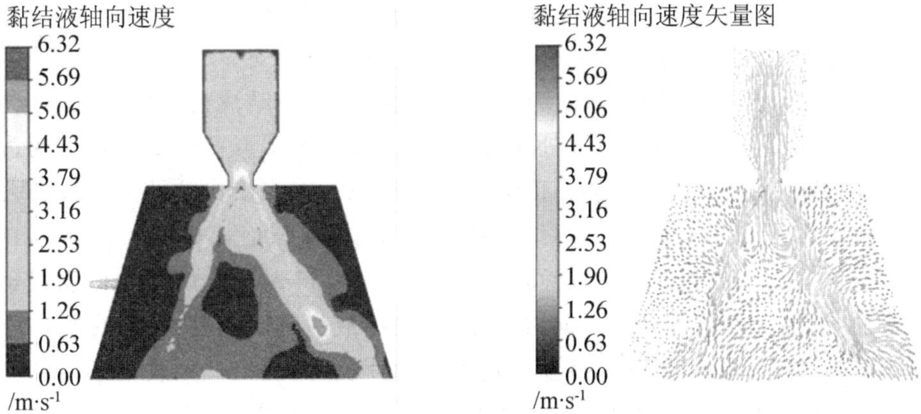

图 3-38　黏结液轴向速度分布云图（$\alpha_4=45°$）

Fig. 3-38　The nephogram of axial velocity distribution of binder($\alpha_4=45°$)

5. 径向速度分布

图 3-39 为切向入口倾斜角度为 15°的雾化喷嘴的黏结液径向速度分布云图。在出口等直段圆形截面 2/3 处，黏结液径向速度达到最大，并呈现由圆形截面 2/3 处往两边逐渐减小的规律，当切向入口倾斜角度由 0°增大到 15°，喷嘴出口处的黏结液最大径向速度梯度由 4.38～4.86 m/s 增大到 5.69～6.32 m/s。切向入口倾斜角度增大到 15°，由于倾斜角度的存在，黏结液在做高速的旋流运动的过程中，黏结液的轴向速度会转化为径向速度，使出口处黏结液的径向速度增大，出口处黏结液液膜受到的离心力增大，导致黏结液液膜的离心运动强度增大，黏结液从喷嘴出口喷出后与外界空气形成的速度差增大，黏结液液膜更容易破碎成细小的雾化液滴，黏结液的雾化效果得到提高。

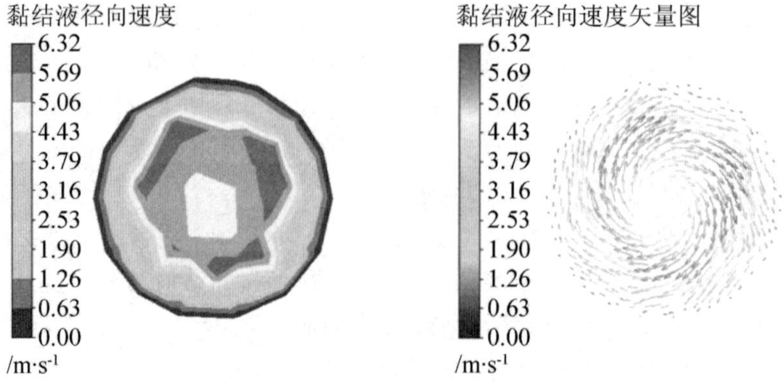

图 3-39　**黏结液径向速度分布云图**($\alpha_2=15°$)

Fig. 3-39　The nephogram of radial velocity distribution of binder($\alpha_2=15°$)

图 3-40 为切向入口倾斜角度为 30°的雾化喷嘴的黏结液径向速度分布云图。黏结液径向速度在圆形截面 2/3 处达到最大，并呈现由圆形截面 2/3 处往两边逐渐减小的规律，当切向入口倾斜角度继续增大到 30°，喷嘴出口处的黏结液最大径向速度梯度并没有发生改变，但黏结液最大径向速度区域面积却发生了变化，黏结液最大径向速度区域面积由约占总面积的 14%增大到 32%。切向入口倾斜角度进一步增大，由于黏结液受到轴向力的作用，黏结液的轴向速度增大，在黏结液做高速旋流运动途中轴向速度会逐渐转化为径向速度，因此出口处黏结液的径向速度增大，导致黏结液液膜的离心运动强度增大，喷出的黏结液与外界空气形成的速度差增大，加速了黏结液液膜的破碎过程，黏结液的雾化效果大幅度提高。

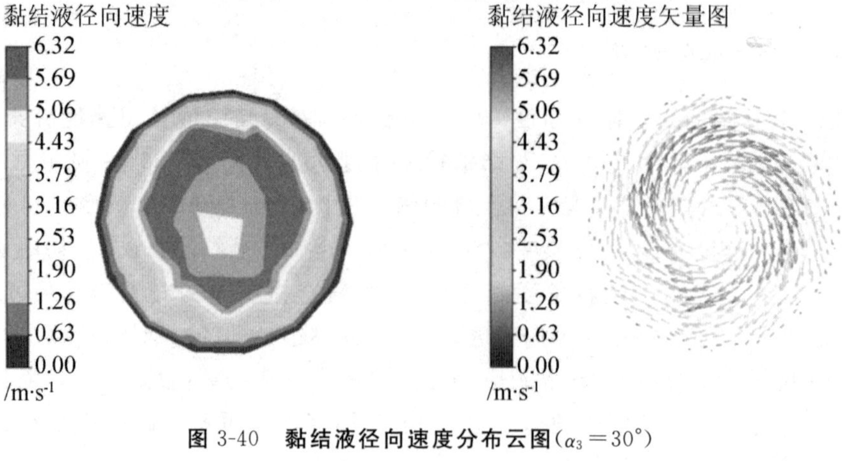

图 3-40　**黏结液径向速度分布云图**($\alpha_3=30°$)

Fig. 3-40　The nephogram of radial velocity distribution of binder($\alpha_3=30°$)

切向入口倾斜角度为 45°的雾化喷嘴的黏结液径向速度分布如图 3-41 所示。黏结液径向速度也在圆形截面 2/3 处达到最大，并呈现由圆形截面 2/3 处往两边逐渐减小的规律，当切向入口倾斜角度进一步增大到 45°，由于切向入口倾斜角度过大，黏结液受到的轴向力过大，从而减弱了黏结液的旋流运动，黏结液的运动以轴向运动为主，喷嘴出口处的黏结液最大径向速度梯度由 5.69～6.32 m/s 减小到 4.43～5.06 m/s。切向入口倾斜角度能够影响黏结液的径向速度分布，当切向入口倾斜角度超出一定范围，出口处黏结液的径向速度减小，削弱了黏结液液膜的离心运动强度，喷出的黏结液与外界空气形成的速度差减小，导致黏结液液膜的破碎过程变得更加困难，大幅度降低了黏结液的雾化效果。

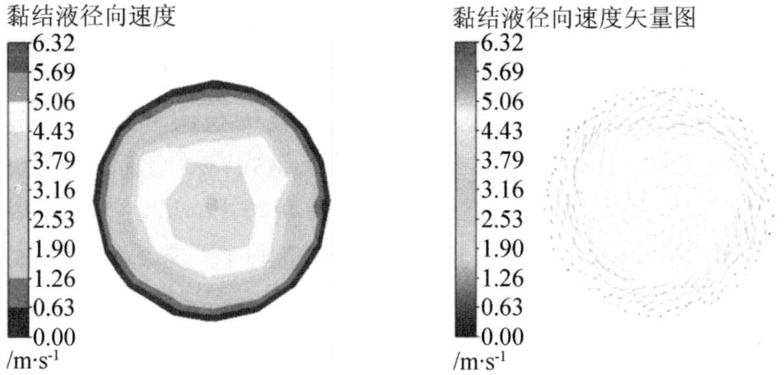

图 3-41　黏结液径向速度分布云图($\alpha_4=45°$)

Fig. 3-41　The nephogram of radial velocity distribution of binder($\alpha_4=45°$)

3.2.5　结论

(1)切向入口倾斜角度由 0°增大到 30°，黏结液在喷嘴旋流室内的旋流强度增大，喷嘴出口附近处的负压由 9373 Pa 增大到 11429 Pa，导致外界有更多的空气被倒吸入喷嘴内，空气芯区域面积由 18%增大到 25%，使空气芯的平均直径增大，黏结液从喷嘴喷出形成的雾化锥角由 63°增大到 74°，喷嘴出口处黏结液的速度增大。当切向入口倾斜角度进一步增大到 45°，减小了黏结液在喷嘴旋流室内的旋流强度和喷嘴出口附近处的负压，空气芯平均直径和雾化锥角大幅度减小，喷嘴出口处黏结液的速度减小。

(2)与切向入口倾斜角度为 0°的喷嘴相比，切向入口倾斜角度为 30°的喷嘴内空气芯平均直径更大，雾化锥角由 63°增大到 74°，黏结液在喷嘴旋流室的旋流强度更大，喷嘴出口附近处的负压由 9373 Pa 增大到 11429 Pa，喷嘴出口处的黏结液速度增大，黏结液的雾化效果有了一定的改善。

3.3 本章小结

(1)揭示喷嘴切向入口数目对多相流旋转耦合场制备 Si_3N_4 颗粒的黏结液雾化过程的影响。相比切向入口数目为 2 的原喷嘴实物模型，切向入口数目为 4 的喷嘴空气芯平均直径、黏结液旋流强度更大，喷嘴出口附近处的负压由 6646 Pa 增大到 9373 Pa，黏结液出口处的速度更大，黏结液的雾化效果有一定的改善。

(2)解释喷嘴切向入口倾斜角度对多相流旋转耦合场制备 Si_3N_4 颗粒的黏结液雾化过程的影响。与切向入口倾斜角度 0°的喷嘴相比，切向入口倾斜角度为 30°的喷嘴空气芯平均直径和雾化锥角更大，黏结液在喷嘴旋流室内的旋流强度更大，喷嘴出口附近处的负压由 9373 Pa 增大到 11429 Pa，出口处的黏结液速度更大，黏结液从喷嘴喷出形成的雾化锥角由 63°增大到 74°，黏结液的雾化效果进一步得到改善。

第 4 章　喷嘴旋流室结构对多相流旋转耦合场制备 Si_3N_4 颗粒雾化过程的影响

为剖析喷嘴旋流室结构对多相流旋转耦合场制备 Si_3N_4 颗粒的黏结液雾化过程的影响，建立不同喷嘴旋流室结构参数的喷嘴三维模型，对喷嘴的模拟区域进行简化，采用混合网格划分喷嘴三维物理模型，基于 VOF 方法分析不同旋流室结构参数的雾化喷嘴内空气一黏结液气液两相流相互作用，采用 realizable k-ε 模型模拟计算黏结液在不同旋流室结构参数的雾化喷嘴内部的湍流状态，采用单因素变量法分析喷嘴旋流室高度（旋流室高度分别为 19.24 mm、21.24 mm、23.24 mm 和 25.24 mm）和喷嘴旋流室内径（旋流室内径分别为 18mm、20mm、22mm 和 24mm）对黏结液的旋流强度、喷嘴出口附近处形成的负压、空气芯平均直径、雾化锥角和喷嘴出口处的黏结液速度的影响，得到喷嘴旋流室结构参数对黏结液雾化效果的影响规律。

4.1　喷嘴旋流室高度对黏结液雾化特性的影响

4.1.1　不同旋流室高度的喷嘴模拟区域简化

为揭示喷嘴旋流室高度对多相流旋转耦合场制备 Si_3N_4 颗粒的黏结液雾化过程的影响规律，以切向入口数目为 4、切向入口倾斜角度为 30°的喷嘴为对象，继续对多相流旋转耦合场雾化喷嘴的结构参数进行优化，通过 SolidWorks 软件对旋流室高度分别为 19.24mm、21.24mm、23.24mm 和 25.24mm 的多相流旋转耦合场雾化喷嘴进行三维建模，研究喷嘴旋流室高度对黏结液在多相流旋转耦合场雾化喷嘴内部的流场分布和外部喷雾特性的影响。由于只是仅仅改变旋流室高度，喷嘴本身的结构组成并没有发生改变，因此选择旋流室高度为 23.24 mm 的多相流旋转耦合场雾化喷嘴的结构组成和几何尺寸为参考。喷嘴的结构简图如图 4-1 所示，图 4-1(a)为旋流室高度为 23.24 mm 的多相流旋转耦合场雾化喷嘴的剖面图，图 4-1(b)为旋流室高度为 23.24 mm 的多相流旋转耦合场雾化喷嘴的轴测图。四种不同旋流室高度的多相流旋转耦合场雾化喷嘴的结构组成一致，均由四个切向入口、旋流室、收缩段和出口等直段组成。

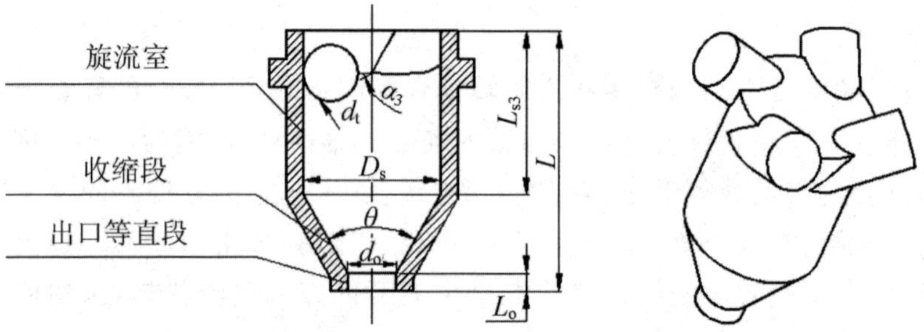

(a)喷嘴剖面图

(a)Profile of nozzle

(b)喷嘴轴测图

(b)Axonometric diagram of nozzle

图 4-1 旋流室高度为 23.24 mm 的雾化喷嘴结构简图

Fig. 4-1 Structure diagram of nozzle with swirl chamber height of 23.24 mm

四种不同旋流室高度的多相流旋转耦合场雾化喷嘴的结构参数如表 4-1 所示，L 为喷嘴总长度；L_{s1}、L_{s2}、L_{s3}、L_{s4} 分别为四种喷嘴旋流室高度；L_o 为喷嘴出口等直段长度；d_t 为喷嘴切向入口直径；D_s 为旋流室内径；d_o 为出口直径；θ 为收缩角；α_3 为喷嘴的切向入口倾斜角度。

表 4-1 不同旋流室高度的雾化喷嘴结构参数

Table4-1 Structural parameters of nozzle with different height of swirl chamber

L/mm	L_{s1}/mm	L_{s2}/mm	L_{s3}/mm	L_{s4}/mm	L_o/mm	d_t/mm	D_s/mm	d_o/mm	θ/°	α_3/°
35	19.24	21.24	23.24	25.24	2.5	8	20	7	60	30

4.1.2 边界条件设置

利用 ICEM 软件对四种不同旋流室高度的雾化喷嘴进行边界条件设置，由于四种喷嘴的边界条件相同，因此仅选取旋流室高度为 23.24 mm 的喷嘴作为参考，边界条件如图 4-2 所示。数值计算区域分为旋流室、收缩段、出口等直段和上底面直径为 50 mm、下底面直径为 80 mm、高度为 50 mm 的圆台。以圆台上底面中心为坐标原点，沿着喷嘴轴线的方向为 y 方向，垂直面为 x-z 平面。喷嘴入口设为压力入口，总压设为 0.7 MPa，黏结液体积分数设为 1，即表示进入喷嘴内部的只有黏结液。喷嘴出口设为压力出口，表压设为标准大气压，黏结液体积分数设为 0，保证喷出后的黏结液不会回流到喷嘴。喷嘴的其余区域设置为无滑移的静止墙，采用标准壁面函数。数值模拟所用黏结液的密度设为 2000 kg/m^3，黏度设为 0.02 kg/(m·s)。

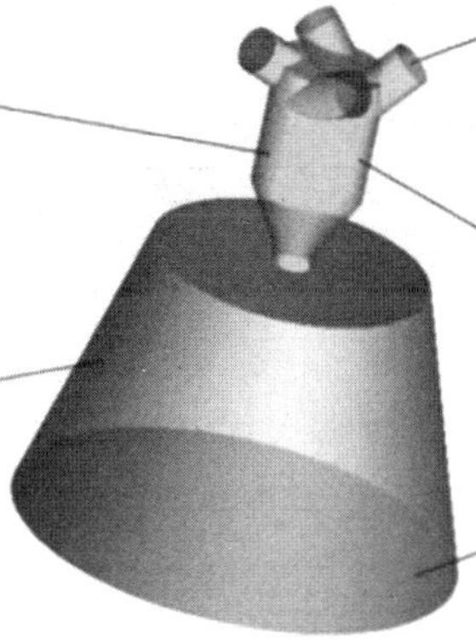

图 4-2　旋流室高度为 23.24 mm 的雾化喷嘴物理模型示意图

Fig. 4-2　Diagram of physical model of nozzle with swirl chamber height of 23.24 mm

4.1.3　计算网格划分

利用网格划分软件 ICEM 对四种不同旋流室高度的多相流旋转耦合场雾化喷嘴进行三维网格划分。由于四种喷嘴的网格划分条件相同，因此仅选取旋流室高度为 23.24 mm 的喷嘴网格模型作为参考，网格模型如图 4-3 所示。由于喷嘴切向入口部分至旋流室的区域较复杂，因此采用四面体非结构性网格对此区域进行网格划分，旋流室以下部分区域的截面都为规则的圆形，因此采用 O 型分块对此区域进行六面体结构性网格划分。为提高网格计算精度和稳定性，采用 prism 网格对切向入口与旋流室相交区域进行网格局部加密，并对旋流室边缘处的四面体网格和收缩段的六面体网格进行节点合并。

利用以上网格划分方法对四种不同旋流室高度的喷嘴进行混合网格划分，四种喷嘴网格的参数如表 4-2 所示。为了提高数值模拟解的收敛性，利用网格检验功能对四种不同旋流室高度的喷嘴的网格质量进行检验。

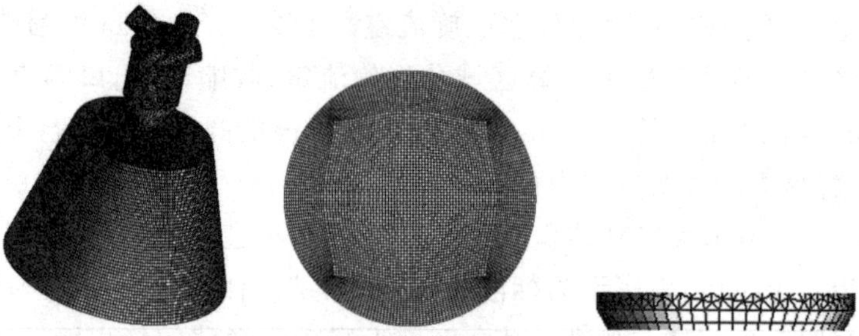

图 4-3 旋流室高度为 23.24 mm 的雾化喷嘴三维网格模型示意图

Fig. 4-3 Diagram of 3D grid model of nozzle with swirl chamber height of 23.24 mm

表 4-2 不同旋流室高度的雾化喷嘴网格参数

Table4-2 Grid parameters of nozzle with different height of swirl chamber

喷嘴类型	喷嘴网格参数			
	网格数	节点	质量	尺寸/mm
$L_{s1}=19.24$	267348	111237	>0.6	0.5
$L_{s2}=21.24$	276789	115893	>0.65	0.5
$L_{s3}=23.24$	283527	118378	>0.65	0.5
$L_{s4}=25.24$	288541	126424	>0.45	0.5

4.1.4 数值模拟结果分析

1. 黏结液体积分数分布

黏结液填充旋流室高度为 19.24 mm 的雾化喷嘴的体积分数分布如图 4-4 所示。当喷嘴旋流室高度由 21.24 mm 减小到 19.24 mm，黏结液体积分数为 0.1～0.9的区域面积由约占总面积的 25%减小到 22%，空气芯区域主要集中在旋流室轴线处，还有一小部分空气芯分布在喷嘴收缩段，空气芯分布方式为间断式，黏结液从喷嘴喷出形成的雾化锥角由 74°减小到 56°。旋流室高度能够影响喷嘴内的空气芯和黏结液喷出的雾化锥角，旋流室高度的减小，减弱了黏结液的旋流运动强度，使喷嘴中心轴线处的空气芯区域面积减小，导致空气芯的平均直径也相应地减小，喷嘴出口处的黏结液液膜厚度增大，黏结液从喷嘴喷出形成的雾化锥角减小，降低了黏结液的雾化效果。

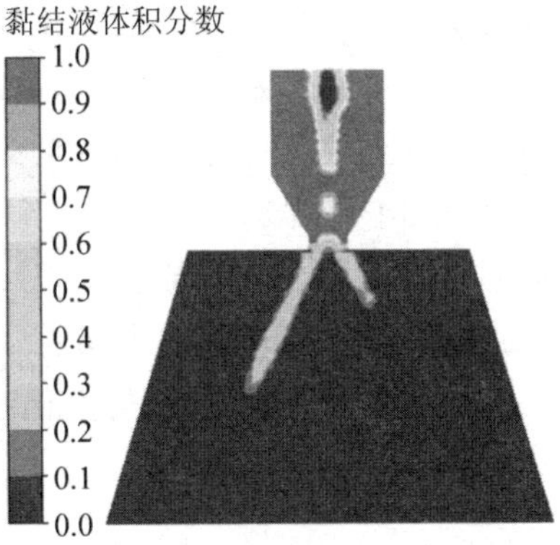

图 4-4　黏结液体积分数云图(L_{s1}=19.24 mm)

Fig. 4-4　The nephogram of binder volume fraction distribution(L_{s1}=19.24 mm)

图 4-5 为黏结液填充旋流室高度为 23.24 mm 的雾化喷嘴的体积分数分布云图。当喷嘴旋流室高度由 21.24 mm 增大到 23.24 mm，黏结液体积分数为 0.1～0.9的区域面积由约占总面积的 25%增大到 27%，空气芯区域贯穿喷嘴轴线，空气芯分布方式为连续式分布，黏结液从喷嘴喷出形成的雾化锥角由 74°增大到 77°。当旋流室高度增大到 23.24 mm，由于旋流室高度的适度增大，使黏结液的旋流运动更加充分，喷嘴中心轴线处的空气芯区域面积增大，导致空气芯的平均直径增大，使喷嘴出口处的黏结液液膜厚度减小，黏结液从喷嘴喷出形成的雾化锥角增大，提高了黏结液的雾化效果。

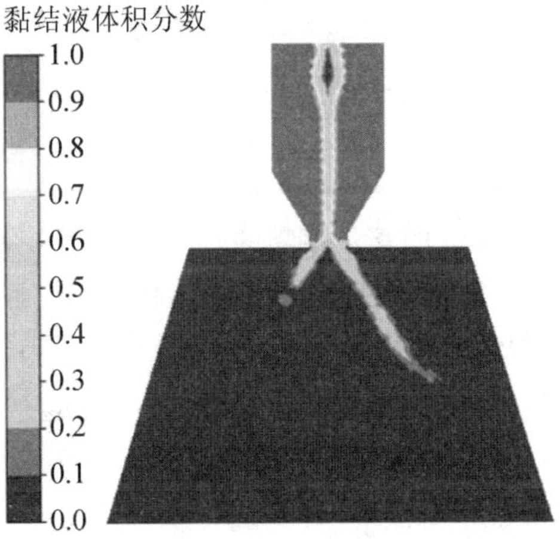

图 4-5　黏结液体积分数云图(L_{s3}=23.24 mm)

Fig. 4-5　The nephogram of binder volume fraction distribution(L_{s3}=23.24 mm)

图 4-6 为黏结液填充旋流室高度为25.24 mm的雾化喷嘴的体积分数分布云图。当喷嘴旋流室高度继续增大到 25.24 mm，黏结液体积分数为 0.1～0.9 的区域面积由约占总面积的 27%减小到 20%，空气芯分布方式为贯穿轴线的连续式分布，黏结液从喷嘴喷出形成的雾化锥角由 77°减小到 70°。当旋流室高度继续增大到 25.24 mm，由于黏结液从进入喷嘴到喷出的距离过长，因此黏结液与喷嘴壁面之间的摩擦力增大，黏结液的旋流强度减小，空气芯的平均直径大幅度减小，使喷嘴出口处的黏结液液膜厚度增大，黏结液从喷嘴喷出形成的雾化锥角减小，黏结液的雾化效果降低。

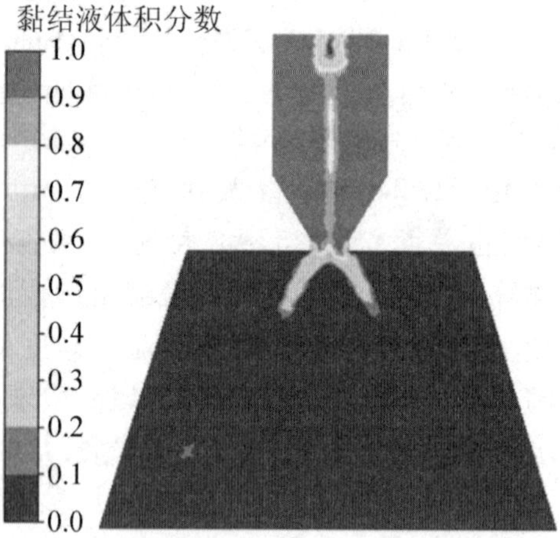

图 4-6　黏结液体积分数云图（L_{s4}＝25.24 mm）

Fig. 4-6　The nephogram of binder volume fraction distribution(L_{s4}＝25.24 mm)

2. 轴向压力场分析

旋流室高度为 19.24 mm 的雾化喷嘴的轴向压力分布如图 4-7 所示。轴向压力由喷嘴壁面两侧往中心轴线处逐渐递减，当旋流室高度由 21.24 mm 减小到 19.24 mm，喷嘴旋流室内的最大轴向压力梯度由 657431～730974 Pa 减小到 601678～677462 Pa，喷嘴出口处附近形成的负压大小由 11429 Pa 减小到8173 Pa。喷嘴旋流室高度的减小，使喷嘴旋流室内黏结液旋流强度减弱，喷嘴出口处附近形成的负压减小，喷嘴内部与外界环境之间的压力差减小，使倒吸入喷嘴内部的外界空气减少，喷嘴中心轴线处空气芯的平均直径减小，导致喷嘴出口处形成的黏结液液膜厚度增大，不利于黏结液的雾化，黏结液雾化效果大幅度下降。

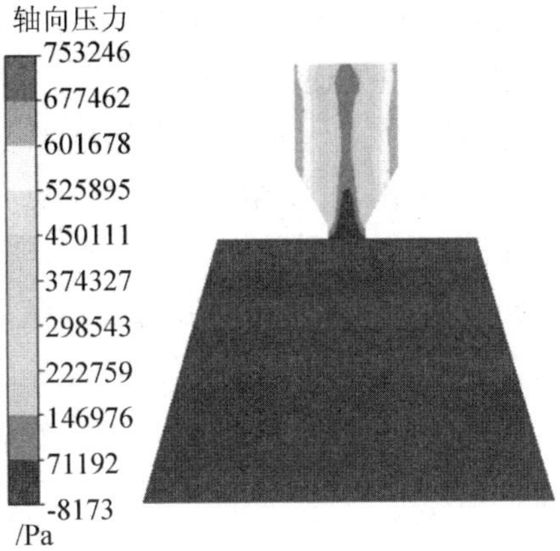

图 4-7 轴向压力分布云图($L_{s1}=19.24$ mm)

Fig. 4-7 The nephogram of axial pressure distribution($L_{s1}=19.24$ mm)

图 4-8 为旋流室高度为 23.24 mm 的多相流旋转耦合场雾化喷嘴的轴向压力分布云图。轴向压力呈现由喷嘴壁面两侧往中心轴线处逐渐递减的规律，当旋流室高度由 21.24 mm 增大到 23.24 mm，喷嘴旋流室内的最大轴向压力梯度由 657431～730974 Pa 增大到 677462～753246 Pa，喷嘴出口处附近形成的负压大小由 11429 Pa 增大到 16732 Pa。喷嘴旋流室高度的适度增大，能够增强喷嘴旋流室内黏结液的旋流强度，喷嘴出口处附近形成的负压大幅度增大，这将会导致喷嘴内部与外界环境形成较大的压力差，使外界更多的空气被倒吸入喷嘴内部形成平均直径较大的空气芯，喷嘴出口处形成的黏结液液膜厚度大幅度减小，有利于黏结液的雾化，黏结液的雾化效果大幅度提高。

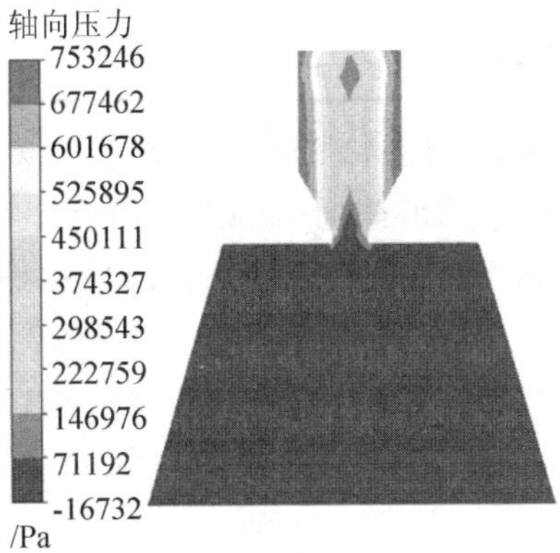

图 4-8 轴向压力分布云图($L_{s3}=23.24$ mm)

Fig. 4-8 The nephogram of axial pressure distribution($L_{s3}=23.24$ mm)

旋流室高度为 25.24 mm 的雾化喷嘴的轴向压力分布如图 4-9 所示。轴向压力呈现由喷嘴壁面两侧往中心轴线处逐渐递减的规律，当旋流室高度由23.24 mm增大到 25.24 mm，喷嘴旋流室内的最大轴向压力梯度不变，但最大轴向压力区域面积由 23% 减小到 12%，喷嘴出口处附近形成的负压由 16732 Pa 增大到 12539 Pa。当旋流室高度继续增大到 25.24 mm，由于旋流室高度的过度增大，黏结液从进入喷嘴到喷出的距离过长，导致黏结液与喷嘴壁面之间的摩擦阻力过大，使黏结液的旋流强度大幅度减小，因而喷嘴内部与外界环境形成的压力差减小，被倒吸入喷嘴内的空气将大量减少，空气芯的平均直径大幅度减小，喷嘴出口处形成的黏结液液膜厚度增大，降低了黏结液的雾化效果。

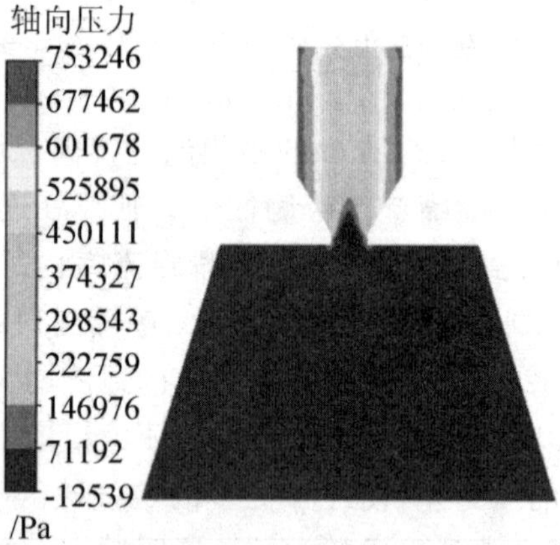

图 4-9　轴向压力分布云图(L_{s4} = 25.24 mm)

Fig. 4-9　The nephogram of axial pressure distribution(L_{s4} = 25.24 mm)

3. 径向压力场分析

旋流室高度为 19.24 mm 的雾化喷嘴的径向压力分布如图 4-10 所示。径向压力呈现由切向入口往旋流室圆形截面中心处逐渐减小的规律。当旋流室高度由 21.24 mm 减小到 19.24 mm，旋流室处的最大径向压力梯度由 657431～730974 Pa 减小到 601678～677462 Pa。当旋流室高度减小到 19.24 mm，旋流室处的径向压力大幅度减小，故提供给黏结液做旋流运动的压降减小，使黏结液更难克服与壁面之间的摩擦阻力，使黏结液从喷嘴喷出的时间增加，大幅度降低了黏结液的雾化效果。

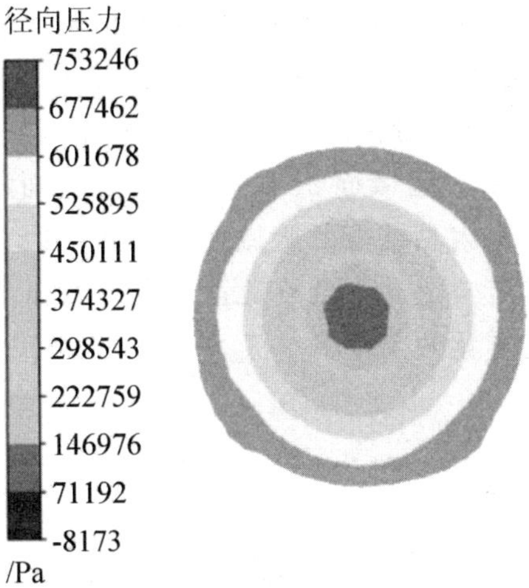

图 4-10　径向压力分布云图(L_{s1}=19.24 mm)

Fig. 4-10　The nephogram of radial pressure distribution(L_{s1}=19.24 mm)

旋流室高度为 23.24 mm 的雾化喷嘴的径向压力分布如图 4-11 所示。径向压力呈现由切向入口往旋流室圆形截面中心处逐渐减小的规律，当旋流室高度由 21.24 mm 增大到 23.24 mm，旋流室处的最大径向压力梯度由 657431～730974 Pa 增大到 677462～753246 Pa，最大径向压力区域面积约占总面积的 30%。当旋流室高度增大到23.24mm，旋流室处的径向压力增大，能够为黏结液做高速旋流运动提供更大的压降，使旋流室内黏结液的旋流强度增大，更容易克服黏结液与壁面之间的摩擦力，缩短了黏结液从喷嘴喷出的时间，大幅度提高了黏结液的雾化效果。

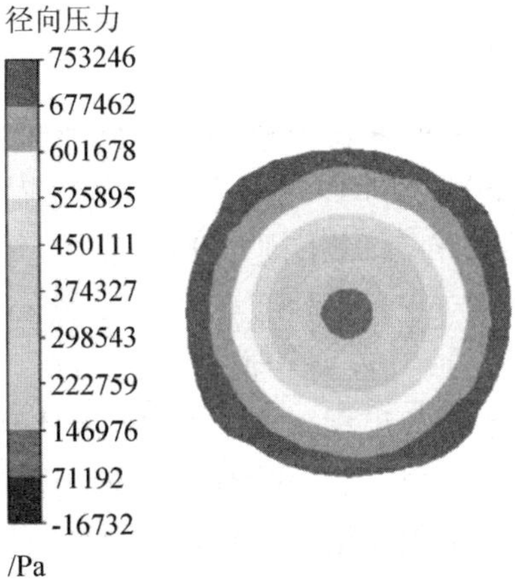

图 4-11　径向压力分布云图(L_{s3}=23.24 mm)

Fig. 4-11　The nephogram of radial pressure distribution(L_{s3}=23.24 mm)

旋流室高度为 25.24 mm 的雾化喷嘴的径向压力分布如图 4-12 所示。径向压力呈现由切向入口往旋流室圆形截面中心处逐渐减小的规律，当旋流室高度进一步增大到 25.24 mm，旋流室处的最大径向压力梯度与旋流室高度为 23.24 mm 的喷嘴相同，但最大径向压力区域面积不等，由约占总面积的 30%减小到 25%。旋流室高度过大，使旋流室内黏结液的旋流强度降低，因此为黏结液做高速旋流运动提供的压降减小，黏结液自上向下的旋流运动变得更加缓慢，使黏结液从喷嘴喷出的时间增加，黏结液的雾化效果降低。

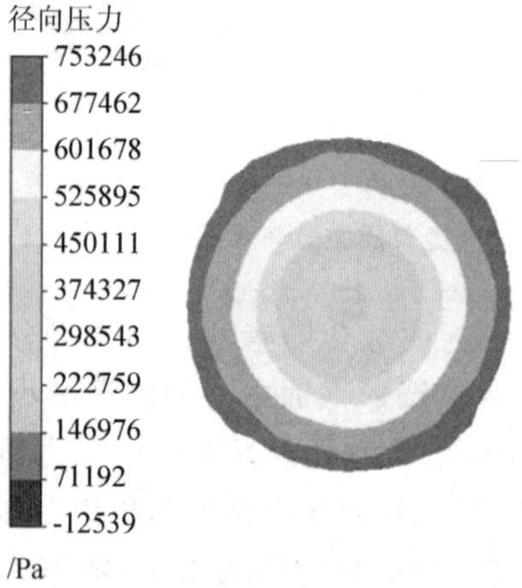

图 4-12　径向压力分布云图(L_{s4} = 25.24 mm)

Fig. 4-12　The nephogram of radial pressure distribution(L_{s4} = 25.24 mm)

4. 轴向速度场分析

旋流室高度为 19.24 mm 的雾化喷嘴的黏结液轴向速度分布如图 4-13 所示。当旋流室高度由 21.24 mm 减小到 19.24 mm，喷嘴旋流室处的黏结液最大轴向速度梯度总体上由 4.43～5.06 m/s 减小到 4.18～5.02 m/s，出口处的黏结液最大轴向速度梯度由 5.69～6.32 m/s 减小到 4.18～5.02 m/s。旋流室高度的减小，使喷嘴旋流室内的空气-黏结液气液两相混合时间缩短，黏结液的旋流强度减小，而出口处的黏结液的轴向速度却出现大幅度减小，因此会大大减小黏结液与外界空气形成的速度差，空气动力也相应减小，使黏结液液膜的破碎过程更加困难，最终从喷嘴出口喷出的雾化液滴粒径增大，降低了黏结液的雾化效果。

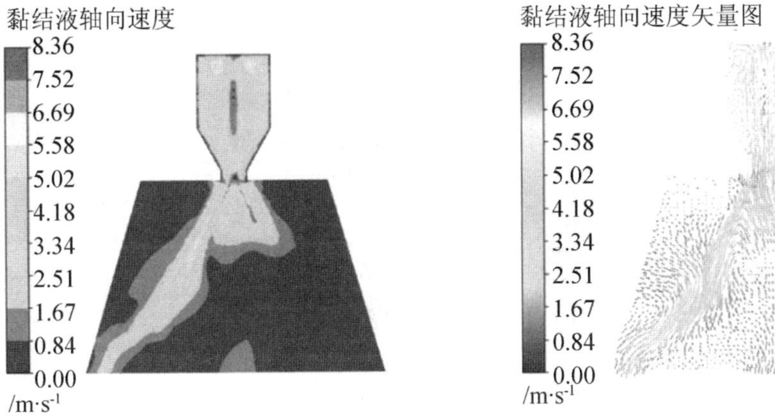

图 4-13　黏结液轴向速度分布云图(L_{s1} = 19.24 mm)

Fig. 4-13　The nephogram of axial velocity distribution of binder(L_{s1} = 19.24 mm)

图 4-14 为旋流室高度为 23.24 mm 的雾化喷嘴的黏结液轴向速度分布云图。当旋流室高度由 21.24 mm 增大到 23.24 mm，喷嘴旋流室处的黏结液最大轴向速度梯度由 4.43～5.06 m/s 增大到 7.52～8.36 m/s，出口处的黏结液最大轴向速度梯度由 5.69～6.32 m/s 增大到 7.52～8.36 m/s。当旋流室高度增大到 23.24 mm，喷嘴旋流室内的空气-黏结液气液两相混合充分，黏结液的旋流强度大幅度增强，出口处的黏结液的轴向速度增大，使从喷嘴喷出的黏结液与外界空气形成较大的速度差，导致空气动力增大，加快了黏结液液膜的破碎进程，大大提高了黏结液的雾化效果。

旋流室高度为 25.24 mm 的雾化喷嘴的黏结液轴向速度分布如图 4-15 所示。当旋流室高度进一步增大到 25.24 mm，喷嘴旋流室处的黏结液最大轴向速度梯度由 7.52～8.36 m/s 减小到 6.69～7.52 m/s，出口处的黏结液最大轴向速度梯度并没有发生变化，但黏结液最大轴向速度区域面积却大幅度减小。当旋流室高度继续增大到 25.24 mm，喷嘴旋流室内的空气-黏结液气液两相混合得很充分，但旋流室高度过大，黏结液从进入喷嘴到喷出的距离过长，黏结液受到的沿途阻力较大，使黏结液的旋流强度大幅度减小，出口处的黏结液的轴向速度减小，从喷嘴出口喷出的黏结液与外界空气形成的速度差大幅度减小，空气动力减小，削弱了黏结液的破碎强度，降低了黏结液雾化效果。

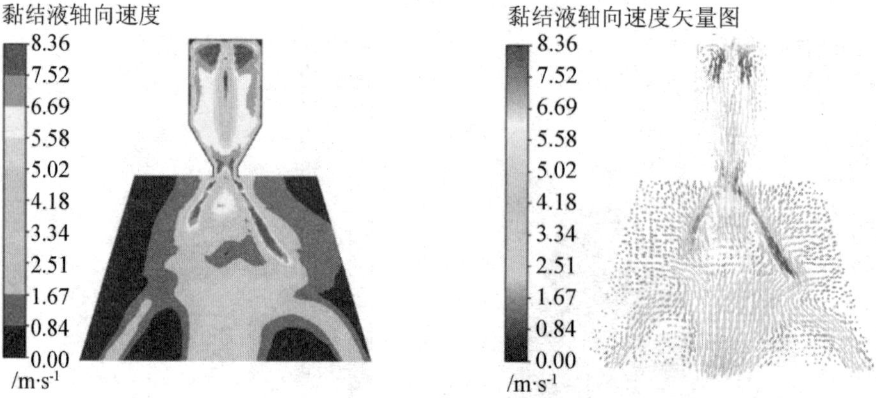

图 4-14　黏结液轴向速度分布云图($L_{s3}=23.24$ mm)

Fig. 4-14　The nephogram of axial velocity distribution of binder($L_{s3}=23.24$ mm)

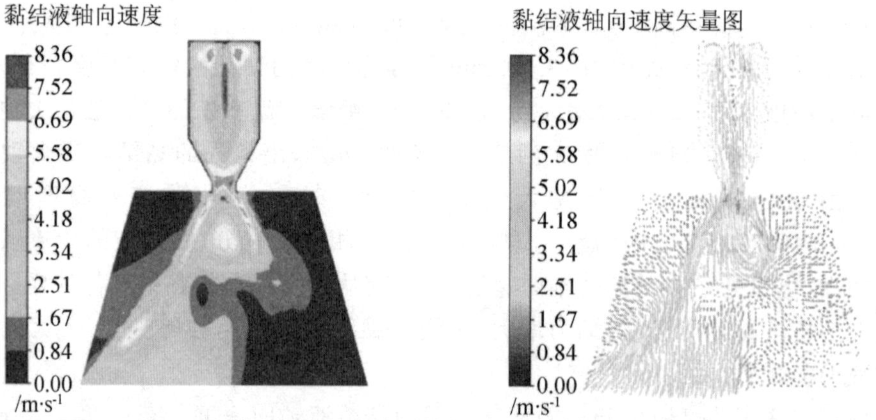

图 4-15　黏结液轴向速度分布云图($L_{s4}=25.24$ mm)

Fig. 4-15　The nephogram of axial velocity distribution of binder($L_{s4}=25.24$ mm)

5. 径向速度分析

图 4-16 为旋流室高度为 19.24 mm 的雾化喷嘴的黏结液径向速度分布云图。黏结液径向速度呈现在出口等直段圆形截面 2/3 处达到最大并由圆形截面 2/3 处往两边逐渐减小的规律。当旋流室高度由 21.24 mm 减小到 19.24 mm，喷嘴出口处的黏结液最大径向速度梯度由 5.69～6.32 m/s 减小到 4.18～5.02 m/s。旋流室高度的减小，缩短了喷嘴内的空气与黏结剂混合的时间，黏结液的旋流强度减小，削弱了黏结液液膜的离心运动强度，导致黏结液从喷嘴出口喷出后与外界空气形成的速度差减小，黏结液液膜难以破碎成细小的雾化液滴，不利于黏结液的雾

化，降低了黏结液的雾化效果。

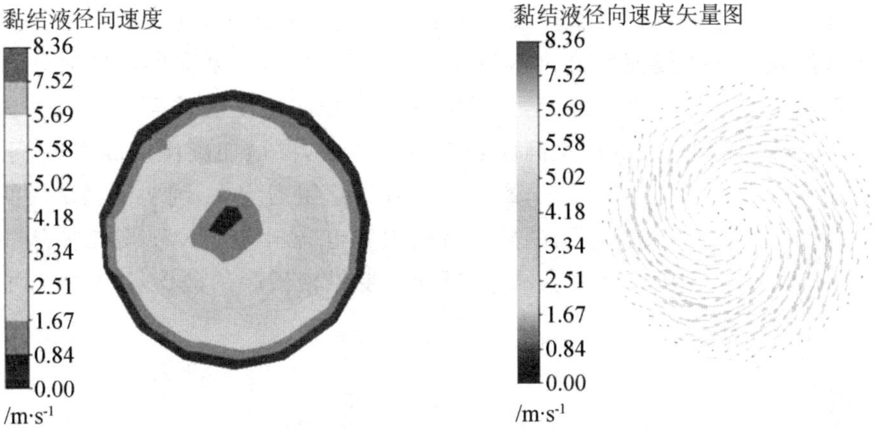

图 4-16　黏结液径向速度分布云图(L_{s1} = 19.24 mm)

Fig. 4-16　The nephogram of radial velocity distribution of binder(L_{s1} = 19.24 mm)

旋流室高度为 23.24 mm 的雾化喷嘴的黏结液径向速度分布如图 4-17 所示。黏结液径向速度同样在出口等直段圆形截面 2/3 处达到最大，并由圆形截面 2/3 处往两边逐渐减小，当旋流室高度由 21.24 mm 增大到 23.24 mm，喷嘴出口处的黏结液最大径向速度梯度由 5.69～6.32 m/s 增大到 7.52～8.36 m/s。由于旋流室高度的适度增大，使喷嘴内的空气与黏结液混合更充分，增强了黏结液的旋流强度，因此出口处的黏结液液膜的离心运动强度增强，黏结液从喷嘴出口喷出后会与外界空气形成较大的速度差，加速了黏结液液膜破碎成细小的雾化液滴，有利于黏结液的雾化，提高了黏结液的雾化效果。

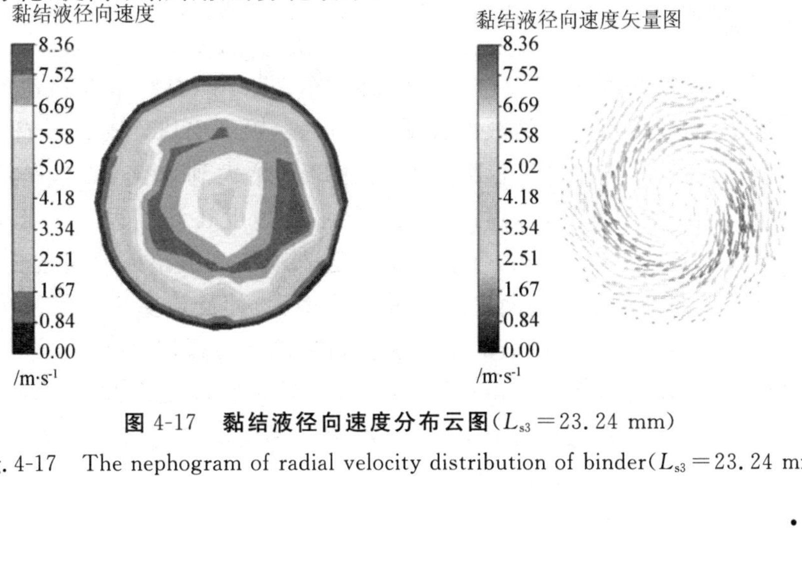

图 4-17　黏结液径向速度分布云图(L_{s3} = 23.24 mm)

Fig. 4-17　The nephogram of radial velocity distribution of binder(L_{s3} = 23.24 mm)

旋流室高度为 25.24 mm 的雾化喷嘴的黏结液径向速度分布如图 4-18 所示。黏结液径向速度也在出口等直段圆形截面 2/3 处达到最大，并由圆形截面 2/3 处往两边逐渐减小。当旋流室高度继续增大到 25.24 mm，喷嘴出口处的黏结液最大径向速度梯度并没有发生改变，而黏结液最大径向速度区域面积由约占总面积的 20%减小到 10%。当旋流室高度超出最佳高度，再增加旋流室高度，由于黏结液从进入喷嘴到喷出的距离过长，黏结液受到沿途阻力增大，削弱了黏结液的旋流强度，喷嘴出口处的黏结液液膜的离心运动强度也会相应地下降，黏结液从喷嘴出口喷出后会外界空气的速度差会减小，减缓了黏结液液膜的破碎过程，降低了黏结液的雾化效果。

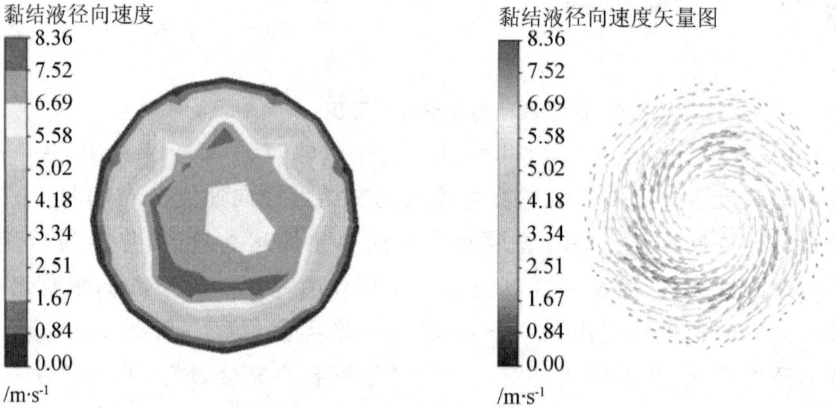

图 4-18　黏结液径向速度分布云图(L_{s4} = 25.24 mm)

Fig. 4-18　The nephogram of radial velocity distribution of binder(L_{s4} = 25.24 mm)

4.1.5　结论

(1)喷嘴旋流室高度从 19.24 mm 增大到 23.24 mm，黏结液在旋流室的旋流运动更加强烈，使旋流室中黏结液的旋流强度增大，喷嘴出口处附近形成的负压由 8173 Pa 增大至 16732 Pa，空气芯区域面积由 22%增大到 27%，导致平均直径增大，雾化锥角由 56°增大 77°，喷嘴出口处黏结液的速度逐渐增大。而当喷嘴旋流室高度继续增大到 25.24 mm，由于黏结液从进入喷嘴到喷出的距离过长，黏结液做轴向旋流运动的过程中与壁面之间的摩擦力增大，使旋流室中黏结液的旋流强度减小，空气芯平均直径、黏结液的出口速度和雾化锥角都相应减小。

(2)与旋流室高度为 21.24 mm 的喷嘴相比，旋流室高度为 23.24 mm 的喷嘴空气芯平均直径更大，雾化锥角由 74°增大到 77°，黏结液的旋流强度更大，喷嘴出口附近处的负压由 11429 Pa 增大到 16732 Pa，出口处的黏结液速度增大，加速了黏结液液膜的破碎，喷嘴的雾化效果进一步提高。

4.2　喷嘴旋流室内径对黏结液雾化特性的影响

4.2.1　不同旋流室内径的喷嘴模拟区域简化

为探究喷嘴旋流室内径对多相流旋转耦合场制备 Si_3N_4 颗粒的黏结液雾化过程的影响，以旋流室内径为 23.24 mm 的喷嘴为对象，继续对喷嘴的旋流室结构参数进行优化，通过 SolidWorks 软件对旋流室内径分别为 18 mm、20 mm、22 mm 和 24 mm 的多相流旋转耦合场雾化喷嘴进行三维建模，分析喷嘴旋流室内径对黏结液雾化效果的影响。由于只是单一的旋流室内径发生变化，喷嘴本身的结构组成并没有发生变化，因此只选择旋流室内径为 20 mm 的多相流旋转耦合场雾化喷嘴的结构组成和几何尺寸作为参考。喷嘴的结构简图如图 4-19 所示。图 4-19(a)为旋流室内径为 20 mm 的多相流旋转耦合场雾化喷嘴的剖面图，图 4-19(b)为旋流室内径为 20 mm 的多相流旋转耦合场雾化喷嘴的轴测图。四种不同旋流室内径的多相流旋转耦合场雾化喷嘴的结构组成一致，均由四个切向入口、旋流室、收缩段和出口等直段组成。

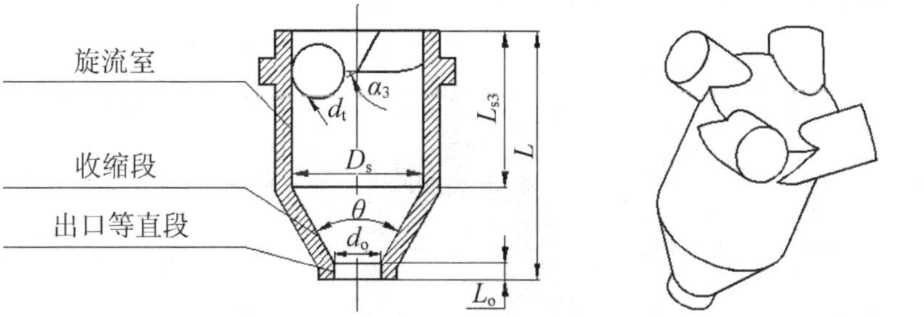

(a)喷嘴剖面图　　(b)喷嘴轴测图

(a)Profile of nozzle　　(b)Axonometric diagram of nozzle

图 4-19　旋流室内径为 20 mm 的雾化喷嘴结构简图

Fig. 4-19　Structure diagram of nozzle with swirl chamber diameter of 20 mm

四种不同旋流室内径的多相流旋转耦合场雾化喷嘴的结构参数如表 4-3 所示，L 为喷嘴总高度；L_{s3} 为喷嘴旋流室高度；L_o 为喷嘴出口等直段高度；d_t 为喷嘴切向入口直径；D_{s1}、D_{s2}、D_{s3}、D_{s4} 分别为四种喷嘴旋流室内径；d_o 为出口内径；θ 为收缩角；α_3 为喷嘴的切向入口倾斜角度。

表 4-3　不同旋流室内径的雾化喷嘴结构参数

Table4-3　Structural parameters of nozzle with different diameter of swirl chamber

L/mm	L_{s3}/mm	L_o/mm	d_t/mm	D_{s1}/mm	D_{s2}/mm	D_{s3}/mm	D_{s4}/mm	d_o/mm	θ/°	α_3/°
37	23.24	2.5	8	18	20	22	24	7	60	30

4.2.2　边界条件设置

利用 ICEM 软件对四种不同旋流室内径的喷嘴进行边界条件设置，喷嘴计算区域由旋流室、收缩段、出口等直段和上底面直径为 50 mm、下底面直径为80 mm、高度为 50 mm 的圆台构成。喷嘴计算模型的坐标原点为圆台上底面的中心，沿着喷嘴轴线的方向为 y 方向，其垂直面为 x-z 平面。为有效对比黏结液在四种不同旋流室内径的喷嘴的雾化效果，在数值模拟计算之前，四种旋流室内径的喷嘴边界条件设置均要保持一致，因此仅选取旋流室内径为 20 mm 的喷嘴作为参考，边界条件设置如图 4-20 所示。喷嘴入口边界条件设为压力入口，总压设为0.7 MPa，黏结液体积分数设为 1。喷嘴出口边界条件设为压力出口，表压设为标准大气压，黏结液体积分数设为 0。采用标准壁面函数，喷嘴的其余区域设置为无滑移的静止墙。数值模拟所用黏结液的密度设为 2000 kg/m^3，黏度设为 0.02 kg/(m·s)。

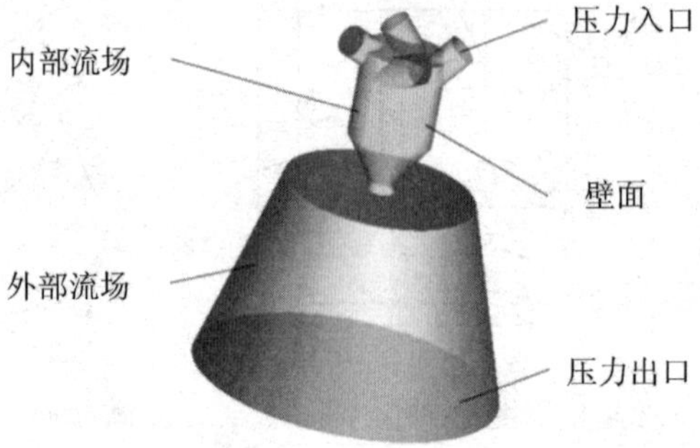

图 4-20　旋流室内径为 20 mm 的雾化喷嘴物理模型示意图

Fig. 4-20　Diagram of physical model of nozzle with swirl chamber diameter of 20 mm

4.2.3　计算网格划分

为改善 Si_3N_4 颗粒流动性差、成型压缩比小和成型率低等缺陷，利用网格划分软件 ICEM 对四种不同旋流室内径的多相流旋转耦合场雾化喷嘴进行三维网格划分，分析旋流室内径对黏结液雾化效果的影响。由于四种喷嘴的边界条件设置均相同，因此仅选取旋流室内径为 20 mm 的喷嘴网格模型作为参考，网格模型如图 4-21 所示。对较复杂的喷嘴切向入口部分至旋流室的区域进行非结构性网格划分，利用 O 型分块功能对旋流室以下部分结构进行结构性网格划分，并采用 prism 网格对切向入口与旋流室相交区域进行局部网格加密，对旋流室边缘处的非结构性网格和收缩段的结构性网格进行节点合并，保证网格的计算精度，为数值运算的稳定性提供一定的前提条件。

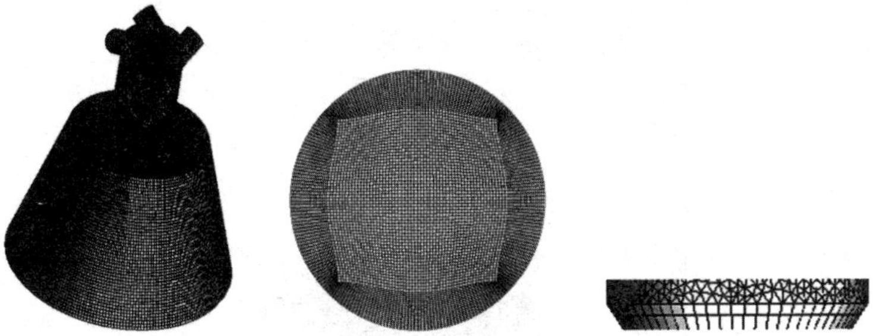

图 4-21　旋流室内径为 20 mm 的雾化喷嘴三维网格模型示意图

Fig. 4-21　Diagram of 3D grid model of nozzle with swirl chamber diameter of 20 mm

利用上述网格划分方法对四种不同旋流室内径的喷嘴进行混合网格划分，通过网格检验功能对四种不同旋流室内径的喷嘴的网格质量进行检验，四种喷嘴网格的参数如表 4-4 所示。

表 4-4　不同旋流室内径的雾化喷嘴网格参数

Table4-4　Grid parameters of nozzle with different diameter of swirl chamber

喷嘴类型/mm	喷嘴网格参数			
	网格数	节点数	质量	尺寸/mm
$D_{s1}=18$	263262	106734	>0.5	0.5
$D_{s2}=20$	283527	118378	>0.65	0.5
$D_{s3}=22$	291368	124517	>0.65	0.5
$D_{s4}=24$	304792	129365	>0.55	0.5

4.2.4 数值模拟结果分析

1. 黏结液体积分数分布

黏结液填充旋流室内径为 18 mm 的雾化喷嘴的体积分数分布如图 4-22 所示。当喷嘴旋流室内径由 20 mm 减小到 18 mm，黏结液体积分数为 0.1～0.9 的区域面积由约占总面积的 27%减小到 18%，空气芯分布方式为不完整的连续性分布，黏结液从喷嘴喷出形成的雾化锥角由 77°减小到 66°。当旋流室内径减小，黏结液的旋流运动强度得到大幅度削弱，使空气芯区域面积大幅度减小，导致空气芯的平均直径减小，喷嘴出口处的黏结液液膜厚度增大，黏结液从喷嘴喷出形成的雾化锥角减小，降低了黏结液的雾化效果。

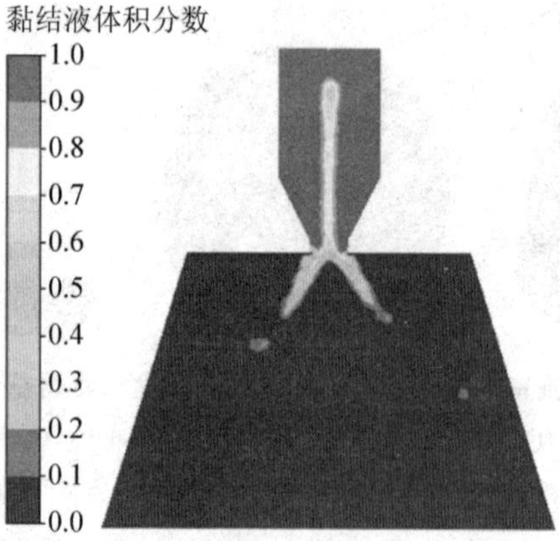

图 4-22 黏结液体积分数云图($D_{s1}=18$ mm)

Fig. 4-22 The nephogram of binder volume fraction distribution($D_{s1}=18$ mm)

黏结液填充旋流室内径为 22 mm 的雾化喷嘴的体积分数分布如图 4-23 所示。当喷嘴旋流室内径由 20 mm 增大到 22 mm，黏结液体积分数为 0.1～0.9 的区域面积由约占总面积的 27%减小到 18%，空气芯分布方式为贯穿中心轴线的连续式分布，黏结液从喷嘴喷出形成的雾化锥角由 77°减小到 66°。当旋流室内径增大到 22 mm，由于旋流室内径超出最佳范围，继续增加旋流室内径，使黏结液流动过程中受到的沿途阻力增大，削弱了旋流室中黏结液的旋流强度，喷嘴中心轴线处的空气芯区域面积减小，导致空气芯的平均直径减小，使喷嘴出口处的黏结液液膜厚度增大，而黏结液从喷嘴喷出形成的雾化锥角大幅度减小，黏结液的雾化效果下降。

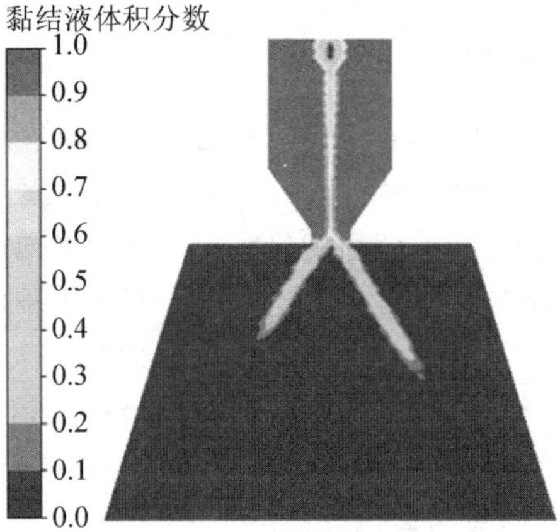

图 4-23　黏结液体积分数云图(D_{s3} = 22 mm)

Fig. 4-23　The nephogram of binder volume fraction distribution(D_{s3} = 22 mm)

图 4-24 为黏结液填充旋流室内径为 24 mm 的雾化喷嘴的体积分数分布云图。当喷嘴旋流室内径继续增大到 24 mm，黏结液体积分数为 0.1～0.9 的区域面积由约占总面积的 18%减小到 15%，空气芯分布方式为贯穿中心轴线的连续式分布，黏结液从喷嘴喷出形成的雾化锥角由 66°减小到 64°。当旋流室继续增大到 24 mm，黏结液流动过程中受到的沿途阻力进一步增大，削弱了旋流室中黏结液的旋流强度，喷嘴中心轴线处的空气芯区域面积继续减小，空气芯平均直径也会随着空气芯区域面积的减小而减小，从而增大了黏结液液膜的厚度，黏结液从喷嘴喷出形成的雾化锥角减小，黏结液的雾化效果进一步下降。

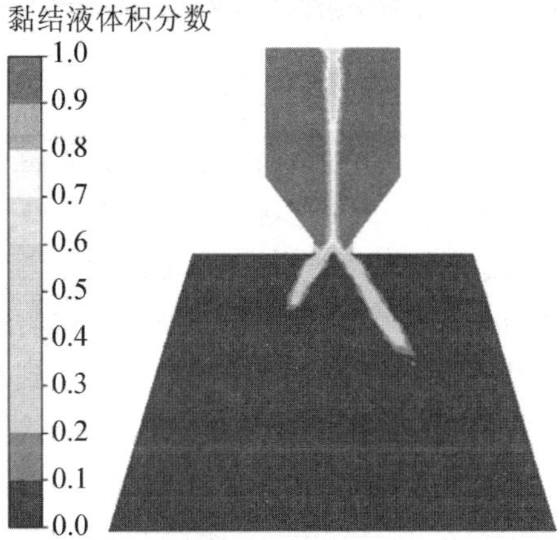

图 4-24　黏结液体积分数云图(D_{s4} = 24 mm)

Fig. 4-24　The nephogram of binder volume fraction distribution(D_{s4} = 24 mm)

2. 轴向压力场分析

旋流室内径为 18 mm 的多相流旋转耦合场雾化喷嘴的轴向压力分布如图 4-25所示。轴向压力呈现由喷嘴壁面两侧往中心轴线处逐渐递减的规律。当旋流室内径由 20 mm 减小到 18 mm，喷嘴旋流室内的最大轴向压力梯度与旋流室内径为 20 mm 的喷嘴相等，都为 677462～753246 Pa，而最大轴向压力区域面积由约占总面积的 23％减小到 5％，喷嘴出口处附近形成的负压大小由 16732 Pa 减小到 7891 Pa。喷嘴旋流室内径的减小，能够减弱黏结液的旋流强度，喷嘴出口处的负压减小，喷嘴内部与外界环境之间的压力差减小，从而使喷嘴中心轴线处空气芯的平均直径减小，降低了黏结液的雾化效果。

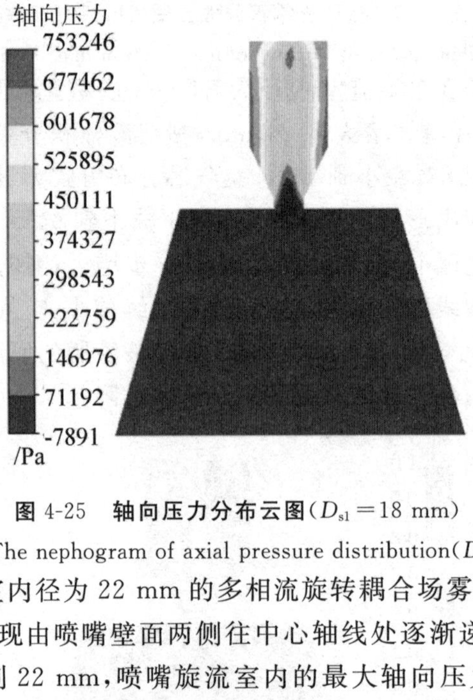

图 4-25　**轴向压力分布云图**($D_{s1}=18$ mm)

Fig. 4-25　The nephogram of axial pressure distribution($D_{s1}=18$ mm)

图 4-26 为旋流室内径为 22 mm 的多相流旋转耦合场雾化喷嘴的轴向压力分布云图。轴向压力呈现由喷嘴壁面两侧往中心轴线处逐渐递减的规律，当旋流室内径由 20 mm 增大到 22 mm，喷嘴旋流室内的最大轴向压力梯度并没有发生改变，但最大轴向压力区域面积由约占总面积的 23％减小到 16％，喷嘴出口处附近形成的负压大小由 16732 Pa 减小到 11457 Pa。当喷嘴旋流室内径继续增大到 22 mm，黏结液在做高速旋流运动时受到的旋流室壁面的摩擦力增大，从而使黏结液的旋流强度下降，喷嘴出口处的负压减小，喷嘴内部与外界环境之间形成的压力差减小，导致喷嘴中心轴线处空气芯的平均直径减小，使黏结液液膜的破碎强度下降，黏结液的雾化效果降低。

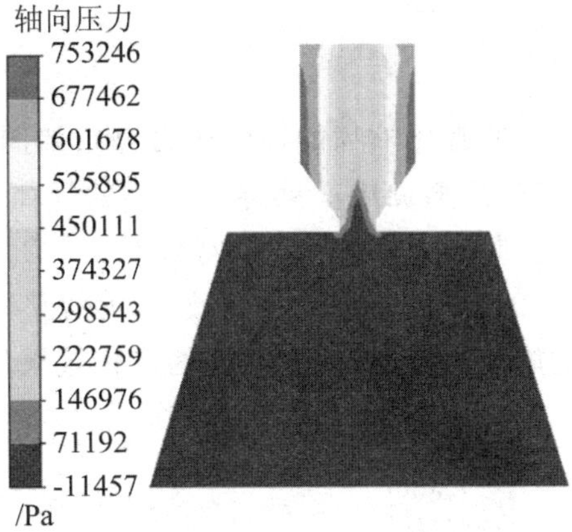

图 4-26　轴向压力分布云图($D_{s3}=22$ mm)

Fig. 4-26　The nephogram of axial pressure distribution($D_{s3}=22$ mm)

旋流室内径为 24 mm 的雾化喷嘴的轴向压力分布如图 4-27 所示。当旋流室内径继续增大到 24 mm,轴向压力也呈现由喷嘴壁面两侧往中心轴线处逐渐递减的规律。喷嘴旋流室内的最大轴向压力梯度同样也没有发生改变,但最大轴向压力区域面积由约占总面积的 16%减小到 1%,喷嘴出口处附近形成的负压大小由 11457 Pa 减小到 5823 Pa。当喷嘴旋流室内径进一步增大到 24 mm,黏结液在做高速旋流运动时受到的旋流室壁面的摩擦力进一步增大,大幅度降低了黏结液的旋流强度,喷嘴出口处的负压继续减小,喷嘴内部与外界环境之间形成的压力差大幅度减小,导致喷嘴中心轴线处空气芯的平均直径较大幅度地减小,使黏结液液膜难以破碎成雾化液滴,不利于黏结液的雾化,降低了黏结液的雾化效果。

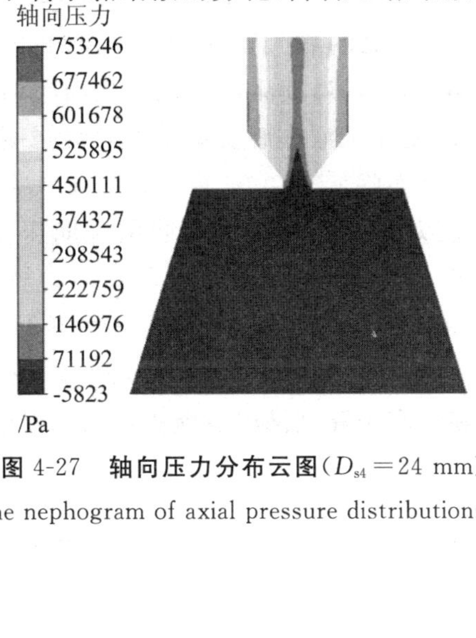

图 4-27　轴向压力分布云图($D_{s4}=24$ mm)

Fig. 4-27　The nephogram of axial pressure distribution($D_{s4}=24$ mm)

3. 径向压力场分析

旋流室内径为 18 mm 的雾化喷嘴的径向压力分布如图 4-28 所示。径向压力呈现由切向入口往旋流室圆形截面中心处逐渐减小的规律，当旋流室内径减小到 18 mm，旋流室处的最大径向压力梯度也为 677462～753246 Pa，但最大径向压力区域面积由 30％减小到 12％。旋流室内径的减小，使提供给黏结液做旋流运动的压降减小，因而黏结液的旋流强度减小，黏结液的雾化效果降低。

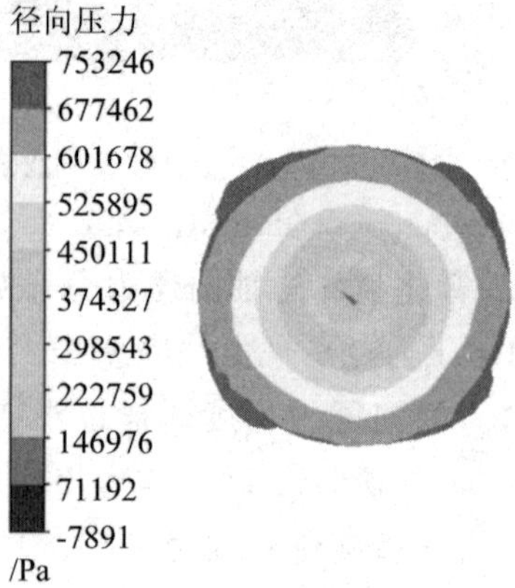

图 4-28　径向压力分布云图(D_{s1}＝18 mm)

Fig. 4-28　The nephogram of radial pressure distribution(D_{s1}＝18 mm)

图 4-29 为旋流室内径为 22 mm 的雾化喷嘴的径向压力分布云图。径向压力也呈现由切向入口往旋流室圆形截面中心处逐渐减小的规律。当旋流室内径由 20 mm 增大到 22 mm，旋流室处的最大径向压力梯度并没有变化，而最大径向压力区域面积由 30％减小到 18％。当旋流室内径继续增大到 22 mm，黏结液与旋流室壁面之间的摩擦力增大，使黏结液在旋流室中的旋流强度减弱，黏结液的雾化效果随着旋流室内径的增大反而降低。

图 4-30 为旋流室内径为 24 mm 的雾化喷嘴的径向压力分布云图。径向压力也呈现由切向入口往旋流室圆形截面中心处逐渐减小的规律，当旋流室内径进一步由 22 mm 增大到 24 mm，旋流室处的最大径向压力梯度同样也没有变化，而最大径向压力区域面积却由 18％减小到 1％。当旋流室内径大于 20 mm，继续增大旋流室内径并不能增强旋流室中黏结液的旋流强度，黏结液的雾化效果反而降低。

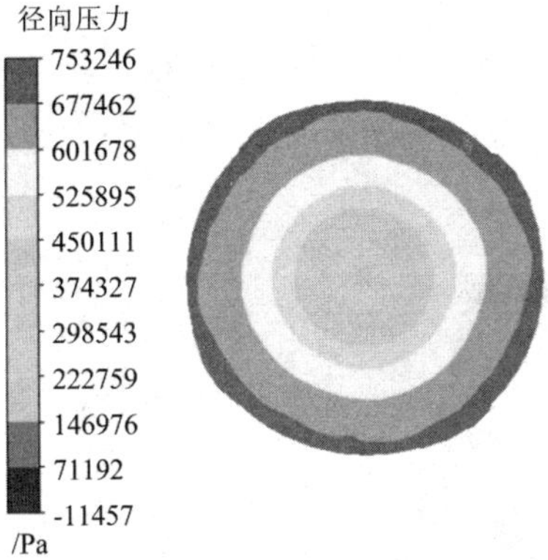

图 4-29　**径向压力分布云图**($D_{s3}=22$ mm)

Fig. 4-29　The nephogram of radial pressure distribution($D_{s3}=22$ mm)

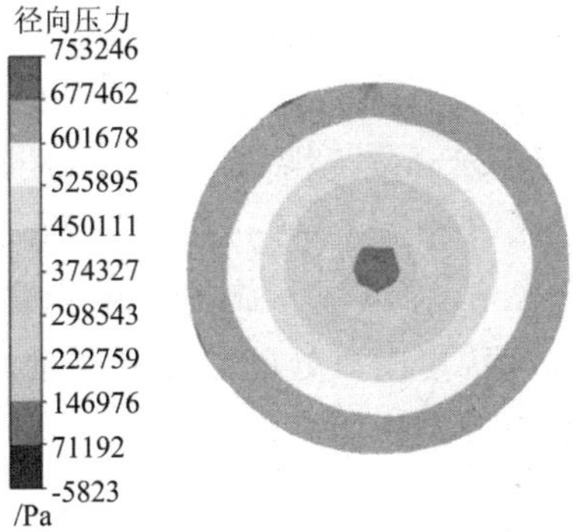

图 4-30　**径向压力分布云图**($D_{s4}=24$ mm)

Fig. 4-30　The nephogram of radial pressure distribution($D_{s4}=24$ mm)

4. 轴向速度场分析

旋流室内径为 18 mm 的雾化喷嘴的黏结液轴向速度分布如图 4-31 所示。当旋流室内径由 20 mm 减小到 18 mm，喷嘴旋流室处的黏结液最大轴向速度梯度由 7.52～8.36 m/s 减小到 5.58～6.69 m/s。旋流室内径的减小使喷嘴内空气-黏结液气液两相混合时间缩短，从而导致旋流室中黏结液的旋流强度降低，旋流室的黏结液轴向速度减小。出口处的黏结液最大轴向速度梯度由 7.52～8.36 m/s 减小到 6.69～7.52 m/s，旋流室中黏结液的旋流强度减小，使出口处的黏结液的轴向速度减小，黏结液与外界空气形成较小的速度差。由于空气动力的减小，导致黏结液液膜的破碎强度减弱，最终从喷嘴出口喷出的雾化液滴粒径增大，黏结液的雾化效果降低。

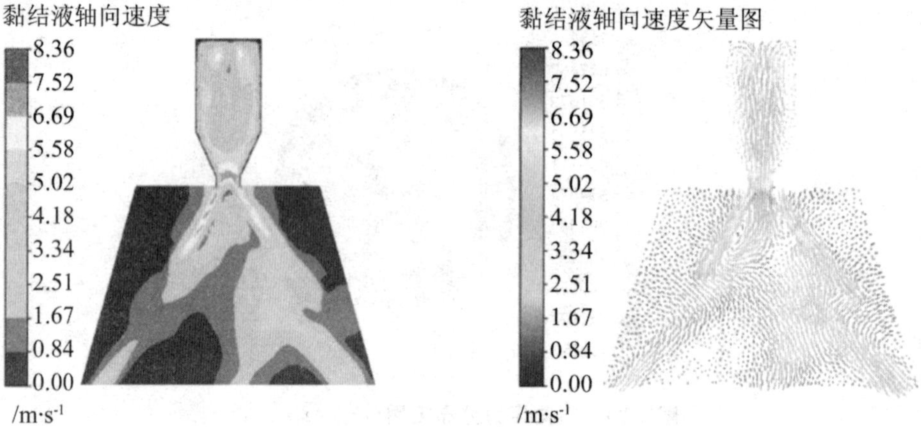

图 4-31　黏结液轴向速度分布云图(D_{s1} = 18 mm)

Fig. 4-31　The nephogram of axial velocity distribution of binder(D_{s1} = 18 mm)

图 4-32 为旋流室内径为 22 mm 的雾化喷嘴的黏结液轴向速度分布云图。当旋流室内径由 20 mm 增大到 22 mm，喷嘴旋流室处和出口处的黏结液最大轴向速度梯度都由 7.52～8.36 m/s 减小到 6.69～7.52 m/s。旋流室内径大于 20 mm，旋流室内径继续增大到 22 mm，黏结液与旋流室壁面之间的摩擦力增大，使黏结液在旋流室中的旋流强度减弱，使出口处的黏结液的轴向速度减小，黏结液液膜的破碎强度减弱，黏结液的雾化效果反而降低。

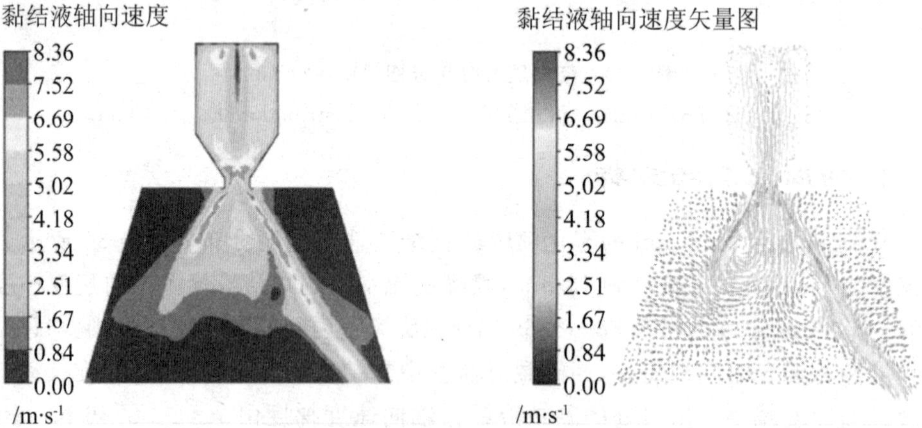

图 4-32　黏结液轴向速度分布云图(D_{s3} = 22 mm)

Fig. 4-32　The nephogram of axial velocity distribution of binder(D_{s3} = 22 mm)

旋流室内径为 24 mm 的雾化喷嘴的黏结液轴向速度分布如图 4-33 所示。当旋流室内径进一步增大到 24 mm，喷嘴旋流室处黏结液的最大轴向速度梯度没有发生变化，出口处的黏结液最大轴向速度梯度由 6.69～7.52 m/s 减小到 5.58～6.69 m/s。当旋流室内径大于 20 mm，继续增大旋流室内径，黏结液与旋流室壁面之间的摩擦力进一步增大，出口处的黏结液的轴向速度减小，使黏结液液膜的破碎变得更加困难，进一步降低了黏结液的雾化效果。

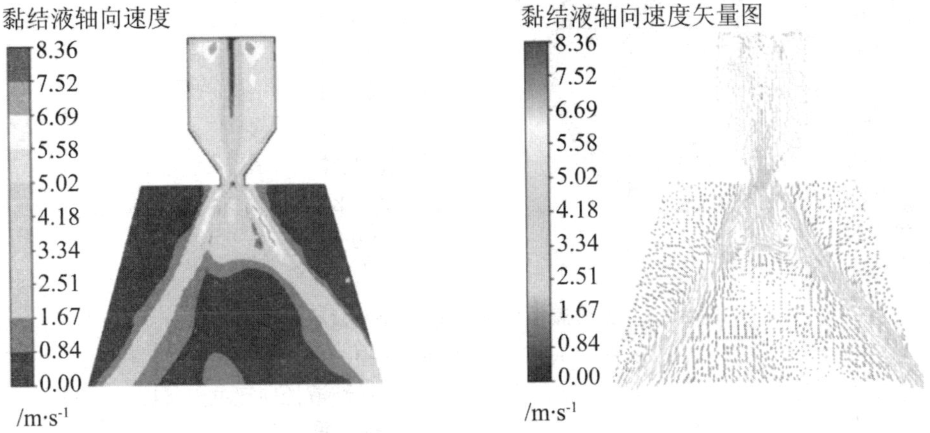

图 4-33　黏结液轴向速度分布云图($D_{s4}=24$ mm)

Fig. 4-33　The nephogram of axial velocity distribution of binder($D_{s4}=24$ mm)

5. 径向速度分析

图 4-34 为旋流室内径为 18 mm 的雾化喷嘴的黏结液径向速度分布云图。黏结液径向速度呈现在出口等直段圆形截面 2/3 处达到最大并往两边逐渐减小的规律。当旋流室内径由 20 mm 减小到 18 mm，喷嘴出口处的黏结液最大径向速度梯度并没有发生改变，但黏结液最大径向速度区域面积由约占总面积的 20%减小到 2%。旋流室内径的减小，使喷嘴内的空气与黏结剂气液两相的运动强度得到一定程度的减小，从而使黏结液液膜的离心运动强度减小，黏结液液膜的破碎过程更加困难，不利于黏结液的雾化，降低了黏结液的雾化效果。

图 4-35 为旋流室内径为 22 mm 的雾化喷嘴的黏结液径向速度分布云图。旋流室内径由 20 mm 增大到 22 mm，黏结液径向速度呈现在出口等直段圆形截面 2/3 处达到最大并往两边逐渐减小的规律。喷嘴出口处的黏结液最大径向速度梯度并没有发生改变，但黏结液最大径向速度区域面积由约占总面积的 20%减小到 10%。当旋流室内径超过 20 mm，继续增大旋流室内径到 22 mm，黏结液与旋流室壁面之间的摩擦力增大，削弱了黏结液的旋流强度，使黏结液液膜的离心运动强度减小，黏结液液膜更难破碎成雾化液滴，黏结液的雾化效果反而降低。

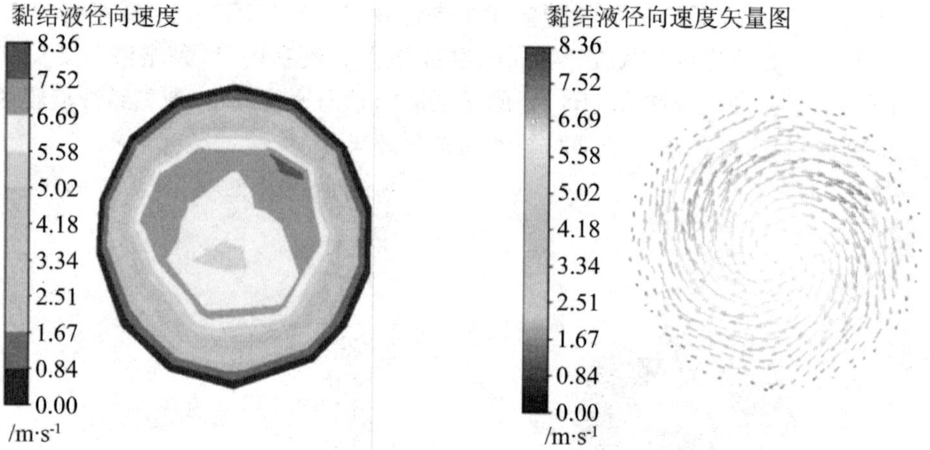

图 4-34　黏结液径向速度分布云图($D_{s1}=18$ mm)

Fig. 4-34　The nephogram of radial velocity distribution of binder($D_{s1}=18$ mm)

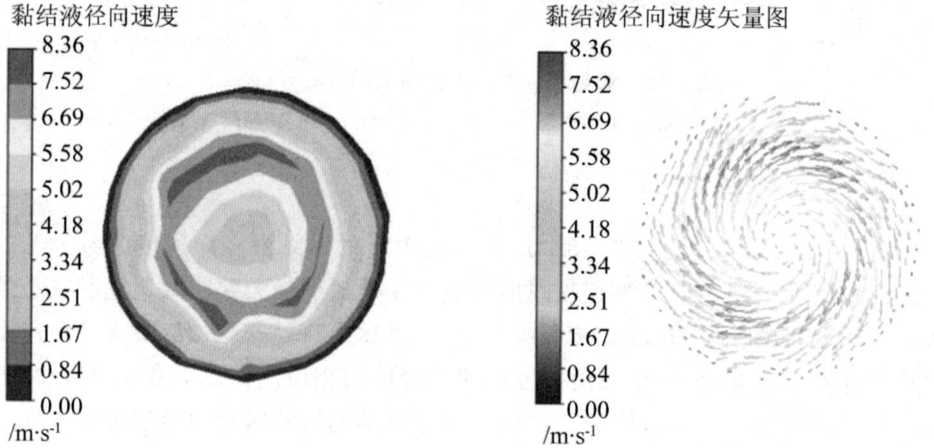

图 4-35　黏结液径向速度分布云图($D_{s3}=22$ mm)

Fig. 4-35　The nephogram of radial velocity distribution of binder($D_{s3}=22$ mm)

图 4-36 为旋流室内径为 22 mm 的雾化喷嘴的黏结液径向速度分布云图。黏结液径向速度呈现在出口等直段圆形截面 2/3 处达到最大并往两边逐渐减小的规律。喷嘴出口处的黏结液最大径向速度梯度大幅度减小，由 7.52～8.36 m/s 减小到 5.58～6.69 m/s。当旋流室内径进一步增大到 24 mm，黏结液与旋流室壁面之间的摩擦力进一步增大，黏结液的旋流强度大幅度减小，削弱了黏结液液膜的离心运动强度，黏结液的雾化效果进一步降低。

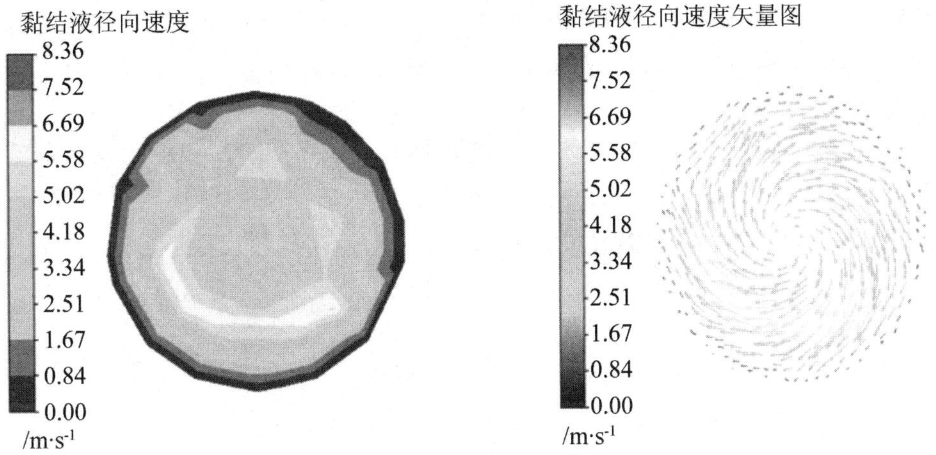

图 4-36　**黏结液径向速度分布云图**（$D_{s4}=24$ mm）

Fig. 4-36　The nephogram of radial velocity distribution of binder（$D_{s4}=24$ mm）

4.2.5　结论

（1）喷嘴旋流室内径由 18 mm 增大到 20 mm，黏结液在旋流室的旋流运动更加强烈，黏结液在旋流室中的旋流强度增大，负压由 7891 Pa 增大到 16732 Pa，空气芯区域面积由 18%增大到 27%，雾化锥角由 66°增大到 77°，喷嘴出口处黏结液的速度增大。而当旋流室内径超过 20 mm，继续增大旋流室内径，由于旋流室内径过大，黏结液与旋流室壁面之间的摩擦力增大，黏结液的旋流强度大幅度减小，削弱了黏结液液膜的离心运动强度，使黏结液液膜的破碎强度下降。

（2）对多相流旋转耦合场雾化喷嘴做进一步的结构优化，分析旋流室内径对黏结液雾化效果的影响，结果表明，当喷嘴旋流室内径为 20 mm 时，黏结液的雾化效果较好。

4.3　本章小结

（1）剖析喷嘴旋流室高度对多相流旋转耦合场制备 Si_3N_4 颗粒的黏结液雾化过程的影响，对黏结液在四种不同旋流室高度的喷嘴的流场进行数值模拟。相比旋流室高度为 21.24 mm 的喷嘴，旋流室高度为 23.24 mm 的喷嘴内黏结液的旋流强度更大，喷嘴出口附近处的负压由 11429 Pa 增大到 16732 Pa，空气芯平均直径增大，黏结液从喷嘴喷出形成的雾化锥角由 74°增大到 77°，雾化效果有了一定的提高。

(2)探究喷嘴旋流室高度对多相流旋转耦合场制备 Si_3N_4 颗粒的黏结液雾化过程的影响规律，对黏结液在四种不同旋流室内径的喷嘴的流场进行数值模拟。旋流室内径为 20 mm 的喷嘴对应的黏结液的雾化效果较好。

第 5 章　喷嘴出口结构与多相流旋转耦合场制备 Si_3N_4 颗粒雾化过程的影响

为揭示喷嘴出口结构对多相流旋转耦合场制备 Si_3N_4 颗粒的黏结液雾化过程的影响规律，建立不同喷嘴出口结构参数的喷嘴三维模型，简化喷嘴模拟区域并构建喷嘴三维物理模型，采用混合网格对喷嘴三维物理模型进行网格划分，基于 VOF 方法分析不同出口结构参数的雾化喷嘴内空气-黏结液气液两相流相互作用，采用 realizable k-ε 模型模拟计算黏结液在不同出口结构参数的雾化喷嘴内部的湍流状态，从黏结液的旋流强度、喷嘴出口附近处形成的负压、空气芯平均直径、雾化锥角、喷嘴出口处的黏结液速度五个方面，得到喷嘴出口形状（出口形状分别为收缩型、直角型、扩张型和异型）和喷嘴出口内径（出口内径分别为 8 mm、9 mm、10 mm 和 11 mm）对黏结液雾化效果的影响规律。

5.1　喷嘴出口形状对黏结液雾化特性的影响

5.1.1　不同出口形状的喷嘴模拟区域简化

为揭示喷嘴出口形状对多相流旋转耦合场制备 Si_3N_4 颗粒的黏结液雾化过程的影响规律，继续对多相流旋转耦合场雾化喷嘴的结构参数进行优化，分析喷嘴出口形状对黏结液雾化效果的影响。通过 SolidWorks 软件对四种不同出口形状的喷嘴进行三维建模，由于只是改变出口形状，喷嘴的本身的结构组成并没有发生改变，因此本文选择出口形状为直角型的喷嘴的结构组成和几何尺寸作为参考，喷嘴的结构简图如图 5-1 所示。图 5-1(a)为出口形状为直角型的喷嘴，图 5-1(b)为出口形状为收缩型的喷嘴，图 5-1(c)为出口形状为扩张型的喷嘴，图 5-1(d)为出口形状为异型的喷嘴。四种不同出口形状的多相流旋转耦合场雾化喷嘴除了出口结构发生改变，其他结构组成均一致，均由切向入口、旋流室、收缩段和出口段组成。

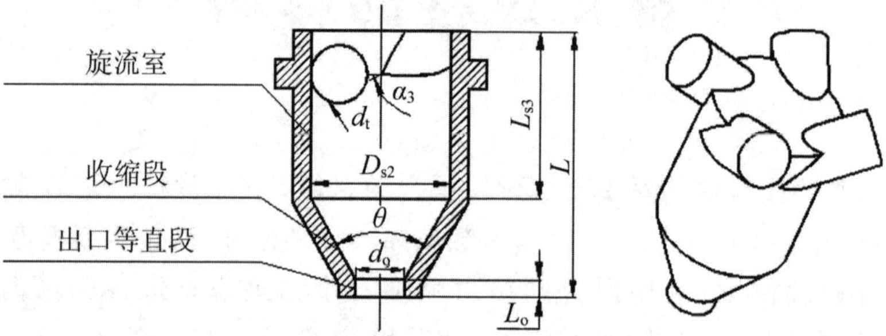

(a)直角型

(a)Cylindrical orifice

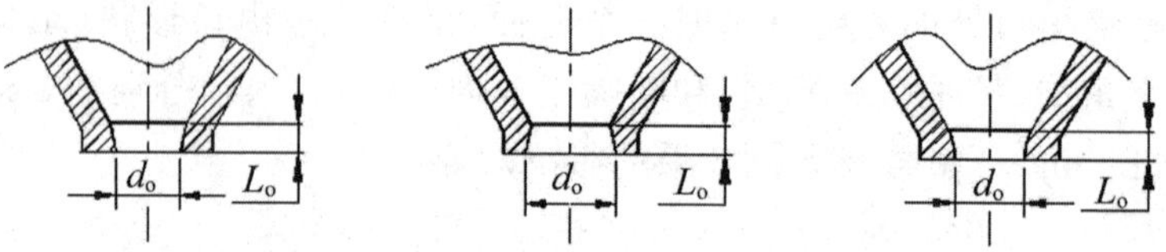

(b)收缩型　(c)扩张型　(d)异型

(b)Contractive orifice　(c)Expansive orifice　(d)Profiled orifice

图 5-1　不同出口形状的雾化喷嘴结构简图

Fig. 5-1　Structure diagram of nozzle with different orifice shapes

四种不同出口形状的多相流旋转耦合场雾化喷嘴的结构参数如表 5-1 所示，L 为喷嘴总高度；L_{s3} 为喷嘴旋流室高度；L_o 为喷嘴出口段高度；d_t 为喷嘴切向入口直径；D_{s2} 为喷嘴旋流室内径；d_o 为出口直径；θ 为收缩角；α_3 为喷嘴切向入口倾斜角度。

表 5-1　不同出口形状的雾化喷嘴结构参数

Table5-1　Structural parameters of nozzle with different orifice shapes

喷嘴类型	喷嘴尺寸参数							
	L/mm	L_{s3}/mm	L_o/mm	d_t/mm	D_{s2}/mm	d_o/mm	θ/°	α_3/°
收缩型	37	23.24	2.5	8	20	6	60	30
圆柱型	37	23.24	2.5	8	20	7	60	30
扩张型	37	23.24	2.5	8	20	8	60	30
异型	37	23.24	2.5	8	20	6	60	30

5.1.2　边界条件设置

利用网格划分软件 ICEM 对四种不同出口形状的喷嘴进行边界条件设置，喷嘴计算区域由旋流室、收缩段、出口段，以及上底面直径为 50 mm、下底面直径为 80 mm、高度为 50 mm 的圆台构成。以圆台上底面的中心为坐标原点，喷嘴轴线的方向为 y 方向，垂直面为 x-z 平面。由于四种不同出口形状的喷嘴的边界条件设置相同，仅选取出口形状为扩张型的喷嘴作为参考，边界条件设置如图 5-2 所示。喷嘴入口设为压力入口，总压设为 0.7 MPa，黏结液体积分数设为 1，即进入喷嘴内部的流体只有黏结液。喷嘴出口设为压力出口，表压设为标准大气压，黏结液体积分数设为 0，确保黏结液不会回流。喷嘴的其余区域设置为无滑移的静止墙。数值模拟所用黏结液的密度设为 2000 kg/m^3，黏度设为 0.02 kg/(m·s)。

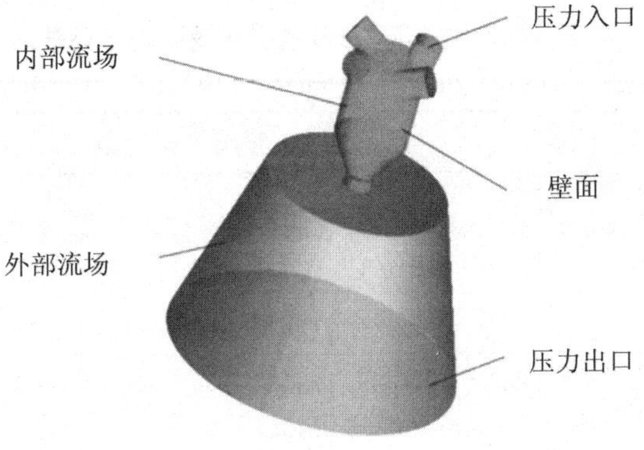

图 5-2　出口形状为扩张型的雾化喷嘴三维网格模型示意图

Fig. 5-2　Diagram of 3D grid model of nozzle with expansive orifice

5.1.3 计算网格划分

利用ICEM软件对四种不同出口形状的多相流旋转耦合场雾化喷嘴进行三维网格划分，由于四种喷嘴的边界条件设置均相同，因此仅选取出口形状为扩张型的喷嘴网格模型作为参考，网格模型如图5-3所示。喷嘴切向入口部分至旋流室的区域比较复杂，因此采用四面体网格对其进行划分，旋流室以下部分结构截面都是规则的圆形，利用O形分块对旋流室以下部分结构进行六面体网格划分。为提高网格计算精度，保证数值计算的稳定性，采用prism网格对切向入口与旋流室相交区域进行局部网格加密，对旋流室边缘处的四面体网格和收缩段的六面体网格进行节点合并。

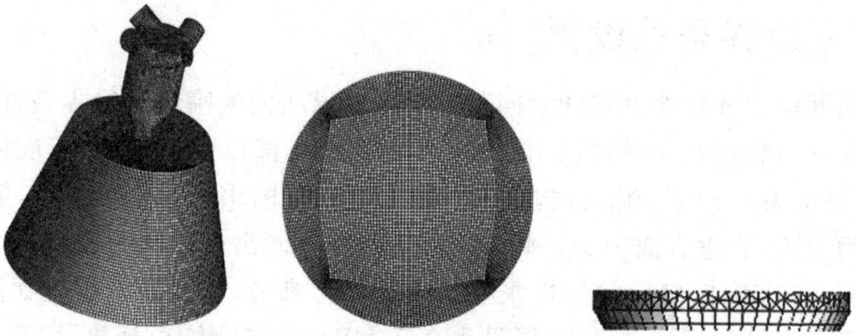

图5-3 出口形状为扩张型的雾化喷嘴三维网格模型示意图

Fig. 5-3 Diagram of 3D grid model of nozzle with expansive orifice

利用上述网格划分方法对四种不同出口形状的喷嘴进行混合网格划分，并对四种不同出口形状的喷嘴的网格质量进行检验，喷嘴网格的参数如表5-2所示。

表5-2 不同出口形状的雾化喷嘴网格参数

Table5-2 Grid parameters of nozzle with different orifice shapes

喷嘴类型	喷嘴网格参数			
	网格数	节点数	质量	尺寸/mm
收缩型	280143	105172	>0.55	0.5
圆柱型	283527	118378	>0.65	0.5
扩张型	287824	122136	>0.65	0.5
异型	278329	103612	>0.5	0.5

5.1.4　数值模拟结果分析

1. 体积分数分析

黏结液填充出口形状为收缩型的雾化喷嘴的体积分数分布如图 5-4 所示。与出口形状为直角型的喷嘴相比，喷嘴中心轴线处空气芯的区域面积由约占总面积的 27%减小到 20%，黏结液从喷嘴喷出形成的雾化锥角由 77°减小到 63°。出口形状的改变会影响喷嘴内的空气芯区域面积和雾化锥角，出口形状由直角型变为收缩型，由于出口角的减小，使黏结液在出口处受到的摩擦力增大，黏结液旋流强度减小，使空气芯的平均直径减小，导致出口处的黏结液液膜厚度增大，黏结液从喷嘴喷出的雾化锥角减小，黏结液的雾化效果降低。

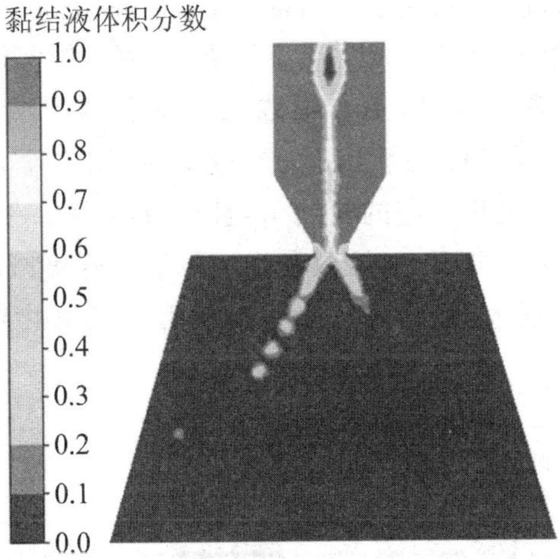

图 5-4　黏结液体积分数云图(收缩型)

Fig. 5-4　The nephogram of binder volume fraction distribution(contractive orifice)

黏结液填充出口形状为扩张型的雾化喷嘴的体积分数分布如图 5-5 所示。与出口形状为直角型的喷嘴相比，喷嘴中心轴线处空气芯的区域面积由约占总面积的 27%增大到 29%，黏结液从喷嘴喷出形成的雾化锥角由 77°增大到 79°。出口形状为扩张型的喷嘴由于出口角的增大，使黏结液在出口处受到的摩擦力减小，黏结液旋流强度增大，使空气芯的平均直径增大，加快了黏结液的破碎进程，黏结液从喷嘴喷出的雾化锥角增大，有利于黏结液的雾化，提高黏结液的雾化效果。

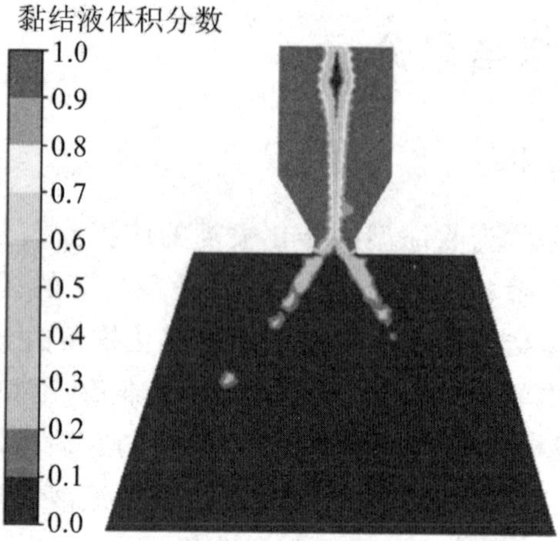

图 5-5　黏结液体积分数云图(扩张型)

Fig. 5-5　The nephogram of binder volume fraction distribution(expansive orifice)

图 5-6 为黏结液填充出口形状为异型的雾化喷嘴的体积分数分布云图。相比出口形状为直角型的喷嘴，喷嘴中心轴线处空气芯的区域面积由约占总面积的27%减小到 17%，黏结液从喷嘴喷出形成的雾化锥角由 77°减小到 62°。出口形状为异型的喷嘴由于出口也有一定的收缩角，且出口段为有一定弧度的三维实体，黏结液在出口处受到的摩擦力更大，导致黏结液的旋流强度减小，空气芯平均直径减小，黏结液的液膜厚度增大，黏结液从喷嘴喷出形成的雾化锥角减小，黏结液雾化效果降低。

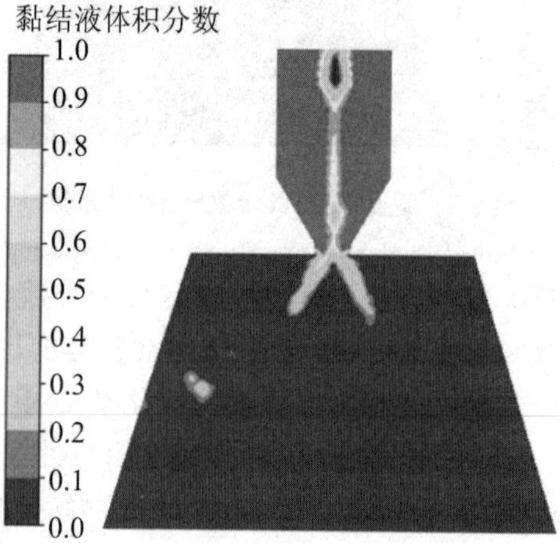

图 5-6　黏结液体积分数云图(异型)

Fig. 5-6　The nephogram of binder volume fraction distribution(profiled orifice)

2. 轴向压力场分析

出口形状为收缩型的雾化喷嘴的轴向压力分布如图 5-7 所示。轴向压力由喷嘴壁面两侧往中心轴线逐渐递减，相比出口形状为直角型的喷嘴，喷嘴旋流室内的最大轴向压力梯度由 677462～753246 Pa 减小到 649812～731659 Pa，喷嘴出口处附近形成负压大小由 16732 Pa 减小到 10568 Pa。出口形状为收缩型的喷嘴的出口角较小，使黏结液在出口处受到较大的阻力，黏结液旋流强度减小，喷嘴出口处的负压减小，导致喷嘴内部与外界环境之间的压力差减小，喷嘴中心轴线处空气芯的平均直径减小，降低了黏结液的雾化效果。

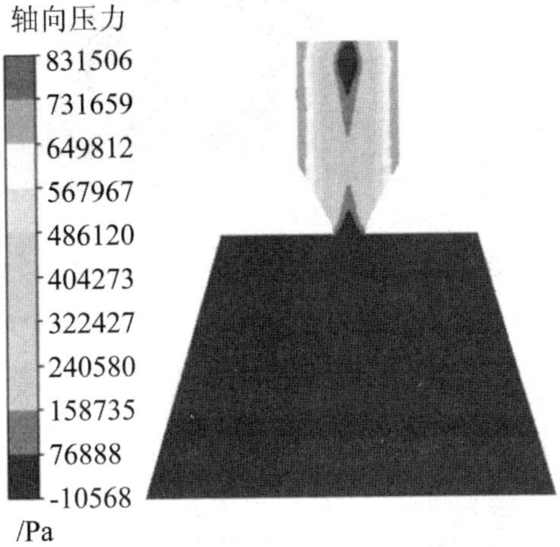

图 5-7　轴向压力分布云图(收缩型)

Fig. 5-7　The nephogram of axial pressure distribution(contractive orifice)

图 5-8 为出口形状为扩张型的雾化喷嘴的轴向压力分布云图。轴向压力由喷嘴壁面两侧往中心轴线逐渐递减，相比出口形状为直角型的喷嘴，喷嘴旋流室内的最大轴向压力梯度由 677462～753246 Pa 增大到 731659～813506 Pa，喷嘴出口处附近形成的负压大小由 16732 Pa 增大到 23461 Pa。喷嘴出口角的增大，能够减小黏结液在出口处受到的摩擦阻力，黏结液的旋流强度增大。由于负压的增大导致喷嘴内部与外界环境之间形成较大的压力差，使喷嘴中心轴线处空气芯的平均直径增大，有利于黏结液的雾化，黏结液的雾化效果提高。

出口形状为异型的雾化喷嘴的轴向压力分布如图 5-9 所示。轴向压力呈现由喷嘴壁面两侧往中心轴线逐渐递减的规律，相比出口形状为直角型的喷嘴，喷嘴旋流室内的最大轴向压力梯度由 677462～753246 Pa 减小到 649812～731659 Pa，喷嘴出口处附近形成的负压大小由 16732 Pa 减小到 7846 Pa。出口形状为异型的喷嘴的出口角较小，并且出口段表面为圆弧形状，增大了黏结液在出口处受到的摩擦阻力，黏结液的旋流强度减小，空气芯的平均直径减小，不利于黏结液的雾化，黏结液的雾化效果下降。

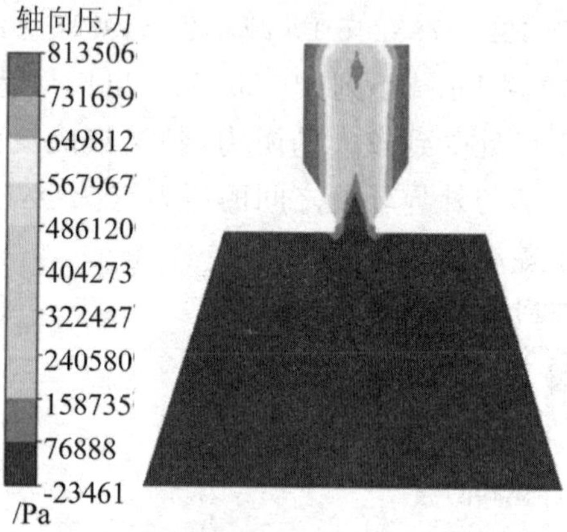

图 5-8　轴向压力分布云图(扩张型)

Fig. 5-8　The nephogram of axial pressure distribution(expansive orifice)

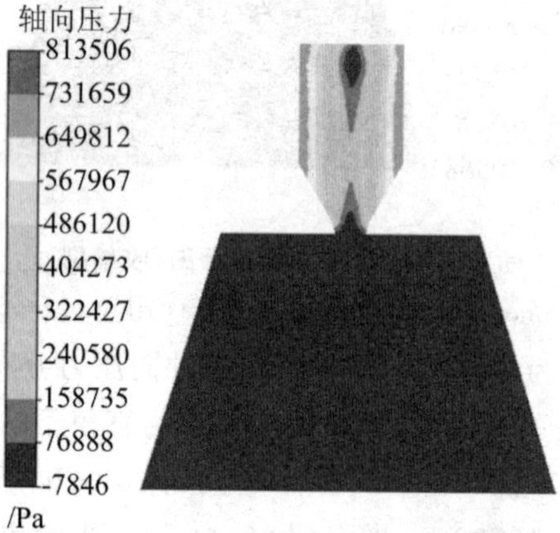

图 5-9　轴向压力分布云图(异型)

Fig. 5-9　The nephogram of axial pressure distribution(profiled orifice)

3. 径向压力场分析

出口形状为收缩型的雾化喷嘴的径向压力分布如图 5-10 所示。径向压力呈现由切向入口往旋流室圆形截面中心处逐渐减小的规律，相比出口形状为直角型的喷嘴，旋流室处的最大径向压力梯度为 677462～753246 Pa 减小到649812～731659 Pa，出口角的减小，使黏结液受到壁面的摩擦力增大，黏结液的旋流强度减小，使空气芯的平均直径减小，黏结液的雾化效果降低。

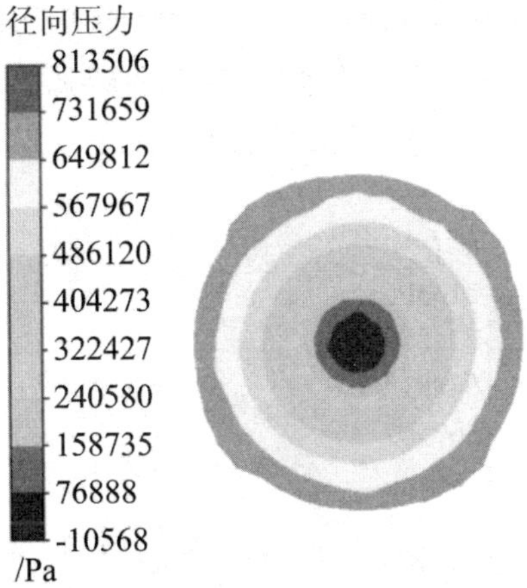

图 5-10　径向压力分布云图(收缩型)

Fig. 5-10　The nephogram of radial pressure distribution(contractive orifice)

图 5-11 为出口形状为扩张型的雾化喷嘴的径向压力分布云图。径向压力也呈现由切向入口往旋流室圆形截面中心处逐渐减小的规律，与出口形状为直角型的喷嘴相比，出口形状为扩张型的喷嘴旋流室处的最大径向压力梯度大幅度增大，最大径向压力梯度由 677462～753246 Pa 增大到 731659～813506 Pa。出口角的增大，减小了黏结液受到的壁面的摩擦力，黏结液的旋流强度增大，使空气芯的平均直径增大，有利于黏结液的雾化，大幅度提高了黏结液的雾化效果。

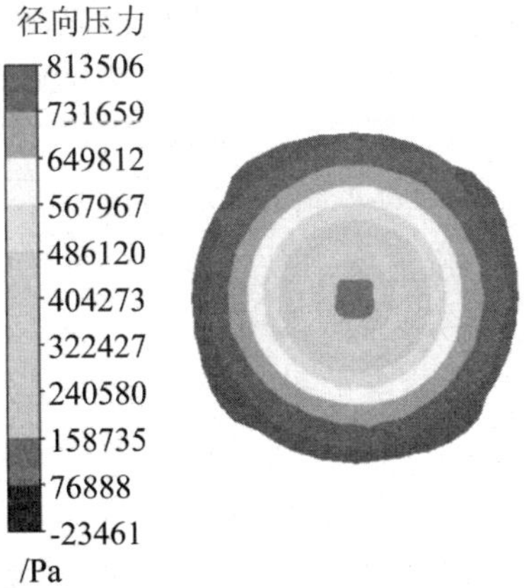

图 5-11　径向压力分布云图(扩张型)

Fig. 5-11　The nephogram of radial pressure distribution(expansive orifice)

图 5-12 为出口形状为异型的雾化喷嘴的径向压力分布云图。径向压力呈现由切向入口往旋流室圆形截面中心处逐渐减小的规律，与出口形状为直角型的喷嘴相比，出口形状为异型的喷嘴旋流室处的最大径向压力梯度由 677462～753246 Pa 减小到 649812～731659 Pa。由于出口角的减小和圆弧表面的存在，黏结液受到的壁面的摩擦力增大，削弱了黏结液的旋流强度，使空气芯的平均直径减小，黏结液的雾化效果下降。

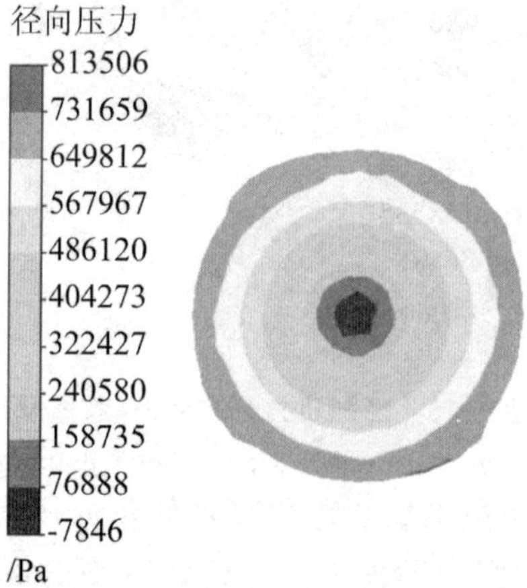

图 5-12　径向压力分布云图(异型)

Fig. 5-12　The nephogram of radial pressure distribution(profiled orifice)

4. 轴向速度场分析

图 5-13 为出口形状为收缩型的雾化喷嘴的黏结液轴向速度分布云图。与出口形状为直角型的喷嘴相比，出口形状为收缩型的喷嘴旋流室处的黏结液最大轴向速度梯度由 7.52～8.36 m/s 减小到 7.02～8.19 m/s，出口处的黏结液最大轴向速度梯度由 7.52～8.36 m/s 减小到 5.58～7.02 m/s。出口角的减小，使黏结液受到的壁面的摩擦力增大，旋流室中黏结液的旋流强度减小，导致出口处的黏结液的轴向速度减小，黏结液的雾化效果降低。

出口形状为扩张型的雾化喷嘴的黏结液轴向速度分布如图 5-14 所示。与出口形状为直角型的喷嘴相比，出口形状为扩张型的喷嘴旋流室处和出口处的黏结液最大轴向速度梯度都由 7.52～8.36 m/s 增大到 10.53～11.70 m/s。出口角的扩张，减小了黏结液受到的壁面的摩擦力，增大了旋流室中黏结液的旋流强度，导致出口处的黏结液的轴向速度增大，有利于黏结液的雾化，大幅度提高了黏结液的雾化效果。

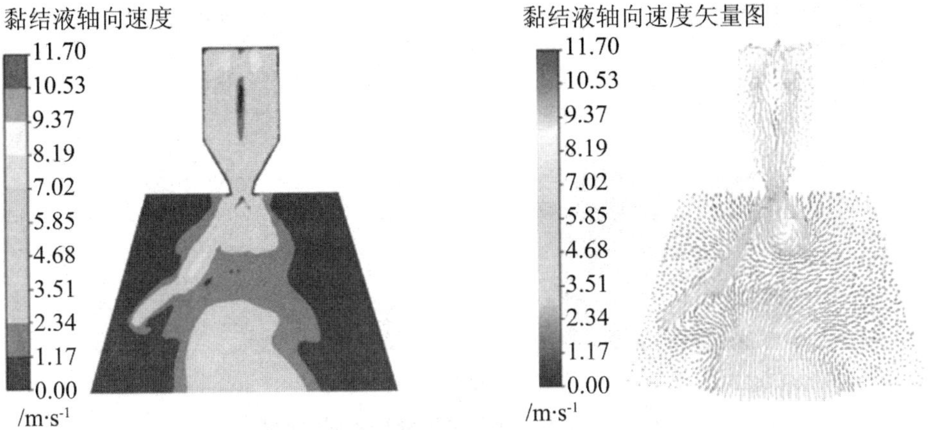

图 5-13　黏结液轴向速度分布云图(收缩型)

Fig. 5-13　The nephogram of axial velocity distribution of binder(contractive orifice)

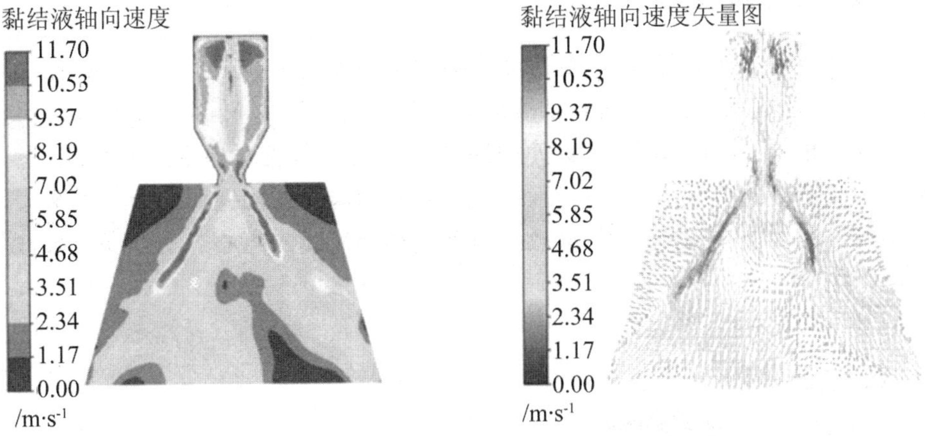

图 5-14　黏结液轴向速度分布云图(扩张型)

Fig. 5-14　The nephogram of axial velocity distribution of binder(expansive orifice)

图 5-15 为出口形状为异型的雾化喷嘴的黏结液轴向速度分布云图。相比出口形状为直角型的喷嘴,出口形状为异型的喷嘴旋流室处的黏结液最大轴向速度梯度和出口处的黏结液最大轴向速度梯度都由 7.52～8.3 m/s 减小到 7.02～8.19 m/s,出口处的黏结液最大轴向速度梯度由 7.52～8.36 m/s 减小到 5.58～7.02 m/s。出口角的收缩以及出口段表面为圆弧,黏结液受到壁面的摩擦力增大,旋流室中黏结液的旋流强度降低,使出口处的黏结液的轴向速度减小,黏结液的雾化效果降低。

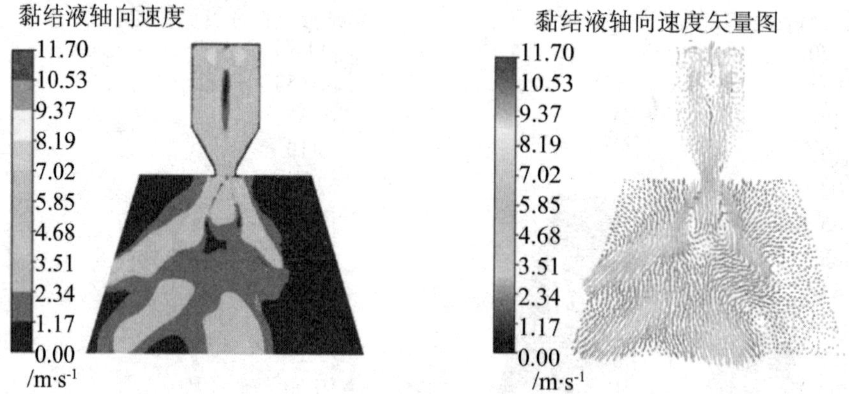

图 5-15　黏结液轴向速度分布云图(异型)

Fig. 5-15　The nephogram of axial velocity distribution of binder(profiled orifice)

5. 径向速度分析

图 5-16 为出口形状为收缩型的雾化喷嘴的黏结液径向速度分布云图。出口形状为收缩型的喷嘴出口处的黏结液最大径向速度梯度为 5.58～7.02 m/s，与出口形状为直角型的喷嘴相比，出口处的黏结液最大径向速度梯度大幅度减小。出口形状为收缩型的喷嘴由于出口角的减小，使黏结液受到的壁面的摩擦力增大，旋流室中黏结液的旋流强度减小，导致出口处黏结液液膜的离心运动强度减小，黏结液的雾化效果下降。

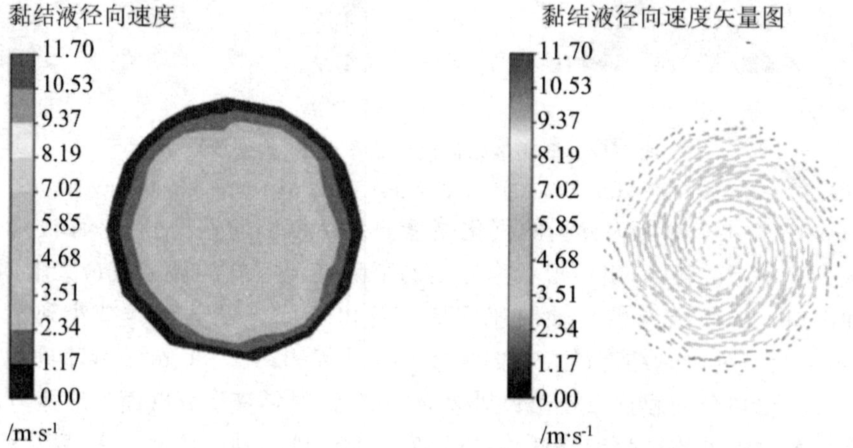

图 5-16　黏结液径向速度分布云图(收缩型)

Fig. 5-16　The nephogram of radial velocity distribution of binder(contractive orifice)

出口形状为扩张型的雾化喷嘴的黏结液径向速度分布如图 5-17 所示。黏结液径向速度呈现在出口等直段圆形截面 2/3 处达到最大并往两边逐渐减小的规律，出口形状为扩张型的喷嘴出口处的黏结液最大径向速度梯度为 10.53～11.70 m/s，黏结液最大径向速度梯度区域面积约占总面积的 30%，出口处的黏结液径向速度大幅度增大。出口角的增大，减小了黏结液受到的壁面的摩擦力，增强旋流室中黏结液的旋流强度，导致出口处黏结液液膜的离心运动强度增大，提高了黏结液的雾化效果。

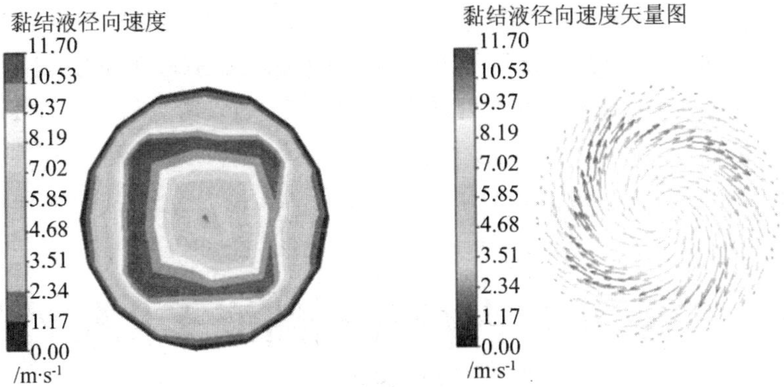

图 5-17　黏结液径向速度分布云图(扩张型)

Fig. 5-17　The nephogram of radial velocity distribution of binder(expansive orifice)

图 5-18 为出口形状为异型的雾化喷嘴的黏结液径向速度分布云图。出口形状为异型的喷嘴出口处的黏结液最大径向速度梯度为 5.58～7.02 m/s。由于异型喷嘴的出口也有一定的收缩角，以及出口段表面为圆弧，大大增加了黏结液受到的壁面的摩擦力，旋流室中黏结液的旋流强度减小，出口处黏结液液膜的离心运动减弱，黏结液的雾化效果降低。

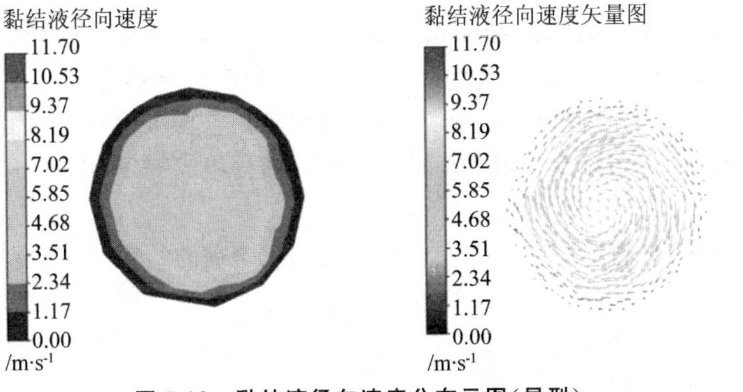

图 5-18　黏结液径向速度分布云图(异型)

Fig. 5-18　The nephogram of radial velocity distribution of binder(profiled orifice)

5.1.5 结论

(1)与喷嘴出口形状分别为异型、收缩型、直角型的喷嘴相比,出口形状为扩张型的喷嘴旋流室内部分布的最大轴向压力区域面积较大,使黏结液在旋流室内的旋流强度增强,喷嘴出口处附近形成的负压较大,导致喷嘴旋流室和出口处黏结液的速度增大,空气芯的平均直径和雾化锥角也增大,黏结液能够达到更好的雾化效果。

(2)与出口形状为直角型的喷嘴相比,出口形状为扩张型的喷嘴旋流室处黏结液的旋流强度更大,喷嘴出口附近处的负压由 16732 Pa 增大到 23461 Pa,空气芯的平均直径和出口处的黏结液速度增大,雾化锥角由 77°增大到 79°,进一步改善了黏结液的雾化效果。

5.2 喷嘴出口内径对黏结液雾化特性的影响

5.2.1 不同出口内径的喷嘴模拟区域简化

为剖析喷嘴出口内径对多相流旋转耦合场制备 Si_3N_4 颗粒的黏结液雾化过程的影响,对多相流旋转耦合场雾化喷嘴的结构继续优化,利用 SolidWorks 软件对四种不同出口内径的喷嘴进行三维建模,由于只有出口内径发生改变,因此仅选择出口内径为 8 mm 的喷嘴的结构组成和几何尺寸作为参考,喷嘴结构简图如图 5-19所示。图 5-19(a)为出口内径为 8 mm 的多相流旋转耦合场雾化喷嘴的剖面图,图 5-19(b)为出口内径为 8 mm 的多相流旋转耦合场雾化喷嘴的轴测图。四种不同出口形状的多相流旋转耦合场雾化喷嘴的结构组成一致,均由切向入口、旋流室、收缩段和出口扩张段组成。

四种不同出口内径的多相流旋转耦合场雾化喷嘴的结构参数如表 5-3 所示,L 为喷嘴总高度;L_{s3} 为喷嘴旋流室高度;L_o 为喷嘴出口扩张段高度;d_t 为喷嘴切向入口直径;D_{s2} 为喷嘴旋流室内径;d_{o1}、d_{o2}、d_{o3}、d_{o4} 分别为四种喷嘴的出口内径;θ 为收缩角;α_3 为喷嘴切向入口倾斜角度。

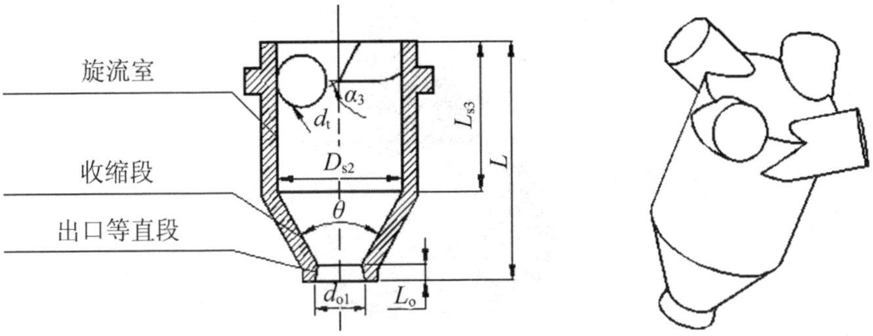

(a)喷嘴剖面图
(a)Profile of nozzle

(b)喷嘴轴测图
(b)Axonometric diagram of nozzle

图 5-19　出口内径为 8 mm 的雾化喷嘴结构简图

Fig. 5-19　Structure diagram of nozzle with orifice diameter of 8 mm

表 5-3　不同出口内径的雾化喷嘴结构参数

Table5-3　Structural parameters of nozzle with different diameter of orifice

L/mm	L_{s3}/mm	L_o/mm	d_t/mm	D_{s2}/mm	d_{o1}/mm	d_{o2}/mm	d_{o3}/mm	d_{o4}/mm	θ/°	α_3/°
37	23.24	2.5	8	20	8	9	10	11	60	30

5.2.2　边界条件设置

将四种不同出口内径的喷嘴三维模型导入 ICEM 中进行边界条件设置，由于四种不同出口内径的喷嘴边界条件相同，因此仅选取出口内径为 10 mm 的喷嘴作为参考，边界条件如图 5-20 所示。以圆台上底面中心为喷嘴三维物理模型的坐标原点，喷嘴轴线的方向为 y 方向，其垂直面为 x-z 平面。喷嘴入口边界条件设为压力入口，总压设为 0.7 MPa，黏结液体积分数设为 1，这表明只有黏结液进入到喷嘴内。喷嘴出口边界条件设为压力出口，表压设为标准大气压，黏结液体积分数设为 0，即表示黏结液从喷嘴出口喷出后不会返回网格计算区域继续参与计算。采用标准壁面函数，喷嘴的剩余区域全设置为无滑移的静止墙边界条件。数值模拟所用黏结液的密度设为 2000 kg/m^3，黏度设为 0.02 kg/(m · s)。

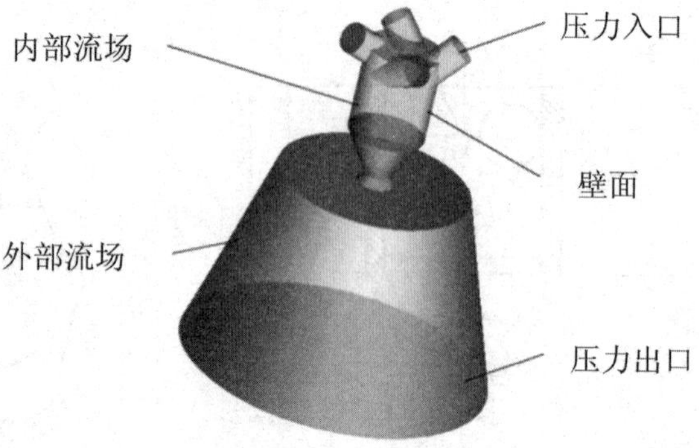

图 5-20　出口内径为 10 mm 的雾化喷嘴物理模型示意图

Fig. 5-20　Diagram of physical model of nozzle with orifice diameter of 10 mm

5.2.3　计算网格划分

利用 ICEM 软件对四种不同出口内径的多相流旋转耦合场雾化喷嘴进行三维网格划分，由于四种不同出口内径的喷嘴的边界条件设置均一致，因此仅选取如图 5-21 所示的出口内径为 10 mm 的网格模型作为参考。采用四面体网格对比较复杂的喷嘴切向入口部分至旋流室的结构进行划分，利用 O 型分块对旋流室以下部分结构进行六面体网格划分。为提高网格计算精度，保证数值计算的稳定性，采用 prism 网格对切向入口与旋流室相交区域进行局部网格加密，对旋流室边缘处的四面体网格和收缩段的六面体网格进行节点合并。

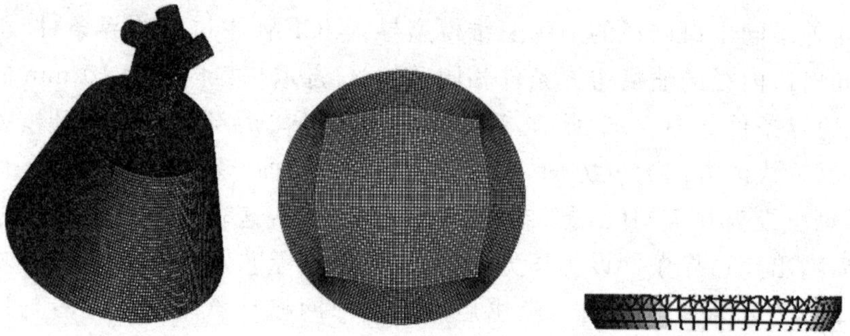

图 5-21　出口内径为 10 mm 的雾化喷嘴三维网格模型示意图

Fig. 5-21　Diagram of 3D grid model of nozzle with orifice diameter of 10 mm

利用上述网格划分方法对四种不同出口内径的喷嘴进行网格划分，并对四种不同出口内径的喷嘴的网格质量进行检验，所得喷嘴网格参数如表 5-4 所示。

表 5-4　不同出口内径的雾化喷嘴网格参数

Table5-4　Grid parameters of nozzle with different diameter of orifice

喷嘴类型	喷嘴网格参数			
	网格数	节点	质量	尺寸/mm
d_{o1} =8mm	287824	122136	>0.65	0.5
d_{o2} =9mm	291256	127326	>0.65	0.5
d_{o3} =10mm	276437	114683	>0.7	0.5
d_{o4} =11mm	295846	131479	>0.6	0.5

5.2.4　数值模拟结果分析

1. 体积分数分析

黏结液填充出口内径为 9 mm 的雾化喷嘴的体积分数分布如图 5-22 所示。当喷嘴出口内径增大到 9 mm，黏结液体积分数为 0.1～0.9 的区域面积由约占总面积的 29%增大到 31%，空气芯分布方式为贯穿轴线的连续性分布，雾化锥角由 79°增大到 82°。当出口内径增大到 9 mm，出口内径的适度增大可以有效地减小黏结液沿壁面流动受到的摩擦力，由于喷嘴流量不断增加，使黏结液在旋流室内的旋流强度增大，导致空气芯的平均直径增大，则出口处的黏结液液膜厚度减小，黏结液液膜受到的表面张力减小，容易失稳并断裂成液带或液丝，雾化锥角增大，说明黏结液的雾化范围越大，喷出的黏结液液膜受到的周围气体的剪切作用越大，黏结液液滴粒径越小，提高了黏结液的雾化效果。

图 5-23 为黏结液填充出口内径为 10 mm 的雾化喷嘴的体积分数分布云图。当喷嘴出口内径进一步增大到 10 mm，黏结液体积分数为 0.1～0.9 的区域面积由约占总面积的 31%增大到 34%，雾化锥角大幅度增大，由 82°继续增大到 97°。当出口内径进一步增大到 10 mm，黏结液沿壁面流动受到的摩擦力大幅度减小，旋流室内黏结液的旋流强度增大，使空气芯的平均直径增大，雾化锥角明显增大，黏结液的雾化范围更大，黏结液的雾化效果大幅度提高。

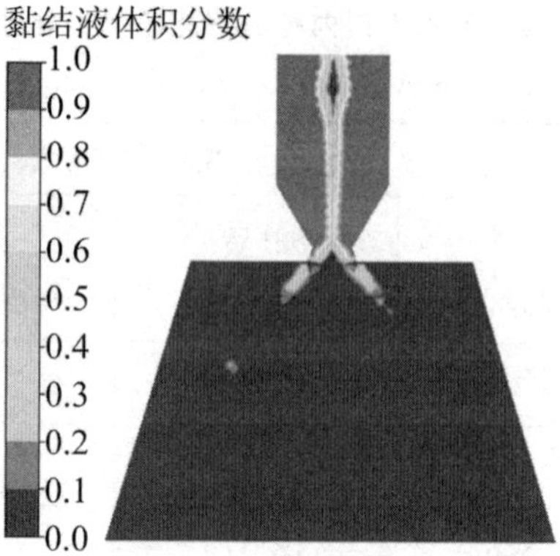

图 5-22　黏结液体积分数云图(d_{o2} = 9 mm)

Fig. 5-22　The nephogram of binder volume fraction distribution(d_{o2} = 9 mm)

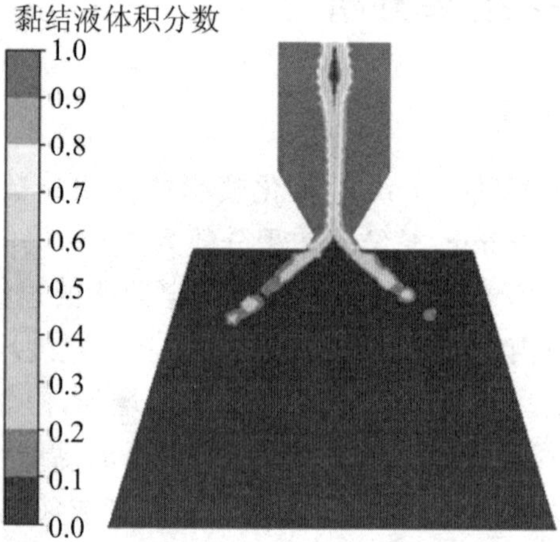

图 5-23　黏结液体积分数云图(d_{o3} = 10 mm)

Fig. 5-23　The nephogram of binder volume fraction distribution(d_{o3} = 10 mm)

图 5-24 为黏结液填充出口内径为 11 mm 的雾化喷嘴的体积分数分布云图。当喷嘴出口内径继续增大到 11 mm，黏结液体积分数为 0.1～0.9 的区域面积由约占总面积的 34%减小到 15%，空气芯区域面积大幅度减小，雾化锥角由 97°继续增大到 93°。当出口内径进一步增大到 11 mm，黏结液沿壁面流动受到的摩擦力进一步减小，由于喷嘴空气-黏结液气液两相旋流的混合时间不断缩短，黏结液在旋流室内的旋流强度减小，使空气芯的平均直径减小，出口处黏结液的液膜厚度增大，黏结液从喷嘴出口喷出形成的雾化锥角也有略微减小，黏结液的雾化范围变小，黏结液的雾化效果降低。

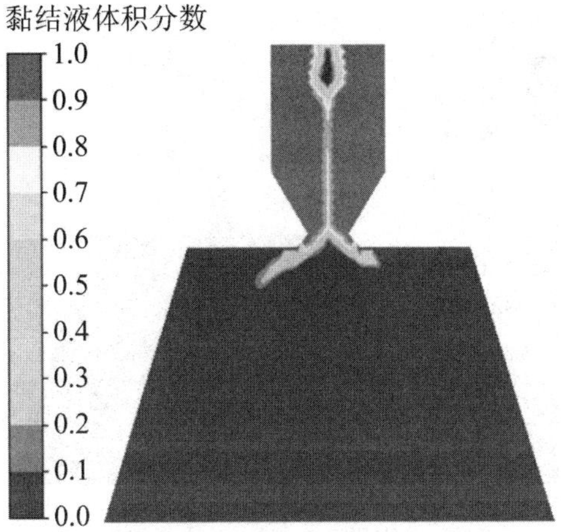

图 5-24　黏结液体积分数云图(d_{o4} = 11 mm)

Fig. 5-24　The nephogram of binder volume fraction distribution(d_{o4} = 11 mm)

2. 轴向压力场分析

出口内径为 9mm 的雾化喷嘴的轴向压力分布如图 5-25 所示。轴向压力呈现由壁面两侧往中心轴线处减小的规律，当喷嘴出口内径从 8 mm 增大到 9 mm，喷嘴旋流室内部最大轴向压力梯度由 731659～813506 Pa 增大到 790192～878586 Pa，最大轴向压力区域面积约占总面积的 21%，喷嘴出口处附近形成的负压由 23461 Pa 增大到 31748 Pa。出口内径由 8 mm 增大到9 mm，黏结液沿壁面流动受到的阻力减小，随着喷嘴流量的不断增加，黏结液在旋流室内的旋流强度增大，导致喷嘴出口处的负压增大，使更多的外界空气被倒吸入喷嘴内部，形成沿着轴线分布的平均直径更大的空气芯，提高了黏结液的雾化效果。

出口内径为 10 mm 的雾化喷嘴的轴向压力分布如图 5-26 所示。轴向压力呈现由壁面两侧往中心轴线处减小的规律，当喷嘴出口内径进一步增大到 10 mm，喷嘴旋流室内部最大轴向压力梯度并没有发生改变，而最大轴向压力区域面积由约占总面积的 21%增大到 37%，喷嘴出口处附近形成的负压由 31748 Pa 增大到 54715 Pa。当出口内径进一步增大到 10 mm，黏结液沿壁面流动受到的阻力减小，黏结液在旋流室内的旋流强度增大，导致喷嘴出口处形成的负压较大，使更多外界空气被倒吸入喷嘴内部形成平均直径更大的空气芯，黏结液的雾化效果大幅度提高。

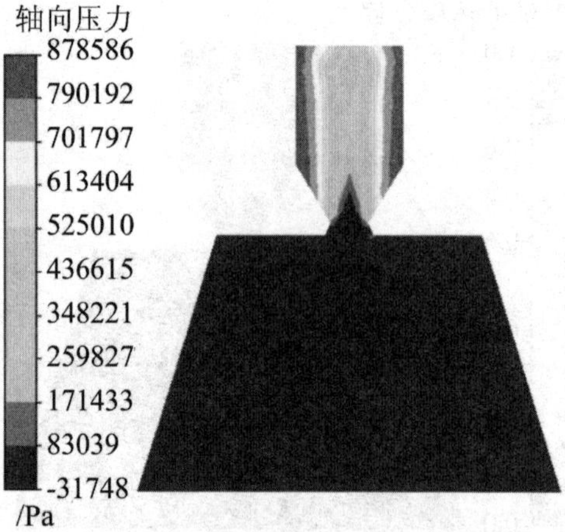

图 5-25　轴向压力分布云图($d_{o2}=9$ mm)

Fig. 5-25　The nephogram of axial pressure distribution($d_{o2}=9$ mm)

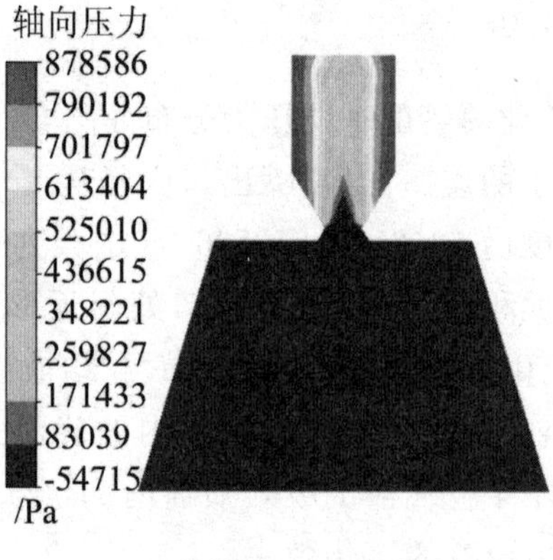

图 5-26　轴向压力分布云图($d_{o3}=10$ mm)

Fig. 5-26　The nephogram of axial pressure distribution($d_{o3}=10$ mm)

出口内径为 11 mm 的雾化喷嘴的轴向压力分布如图 5-27 所示。轴向压力由壁面两侧往中心轴线处减小，当喷嘴出口内径继续增大到 11 mm，喷嘴旋流室内部最大轴向压力梯度也没有发生改变，而最大轴向压力区域面积由约占总面积的 37％减小到 24％，喷嘴出口处附近形成的负压由 54715 Pa 减小到 42612 Pa。当出口内径超出一定的合适范围，继续增大出口内径并不能使喷嘴旋流室内部最大轴向压力区域和出口处形成的负压增大，空气芯的平均直径减小，黏结液的雾化效果降低。

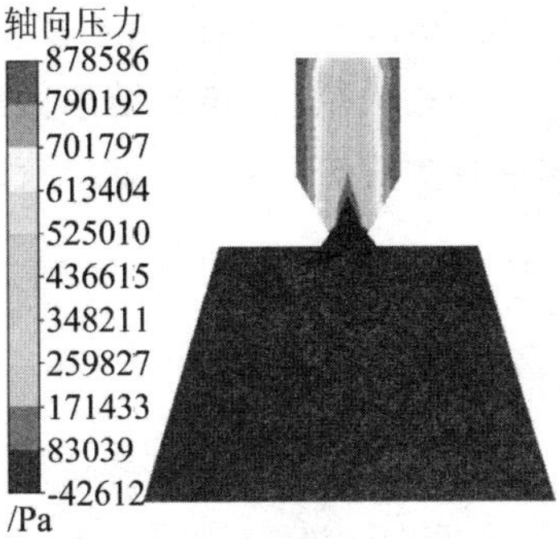

图 5-27　轴向压力分布云图（$d_{o4}=11$ mm）

Fig. 5-27　The nephogram of axial pressure distribution($d_{o4}=11$ mm)

3. 径向压力场分析

图 5-28 为出口内径为 9 mm 的雾化喷嘴的径向压力分布云图。径向压力呈现由切向入口往旋流室圆形截面中心处逐渐减小的规律，当出口内径由 8 mm 增大到9 mm，旋流室处的最大径向压力梯度 731659～813506 Pa 增大到 790192～878586 Pa，最大径向压力区域面积约占总面积的 35%。出口内径的增大能够有效减小黏结液的沿途阻力，旋流室内黏结液的旋流强度得到增强，从而会产生更大的压降，使黏结液的旋流运动更充分，有利于黏结液雾化，提高了黏结液的雾化效果。

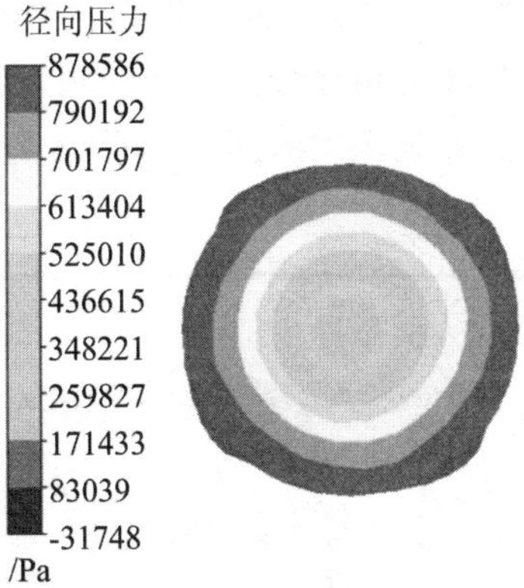

图 5-28　径向压力分布云图（$d_{o2}=9$ mm）

Fig. 5-28　The nephogram of radial pressure distribution($d_{o2}=9$ mm)

出口内径为 10 mm 的雾化喷嘴的径向压力分布如图 5-29 所示。径向压力呈现由切向入口往旋流室圆形截面中心处逐渐减小的规律，当出口内径继续由9 mm 增大到 10 mm，旋流室处的最大径向压力区域面积由约占总面积的 35%增大到

50%。当出口内径继续增大到 10 mm,黏结液沿途受到的阻力进一步减小,使旋流室内黏结液的旋流强度进一步增大,提供给黏结液做旋流运动的压降增大,喷嘴内空气与黏结液的气液两相混合更充分,有利于黏结液的雾化,大幅度提高了黏结液的雾化效果。

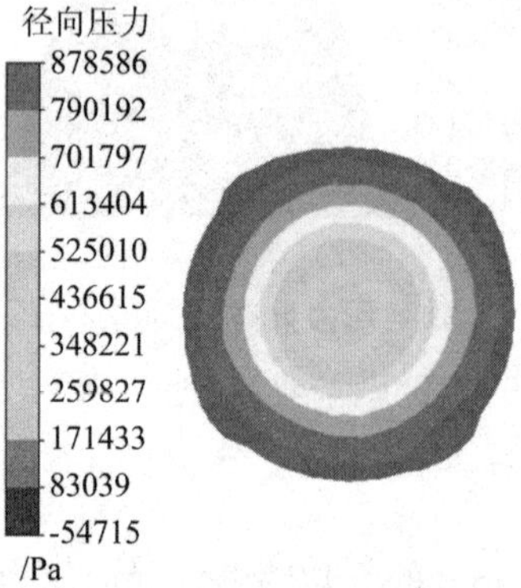

图 5-29 径向压力分布云图(d_{o3}=10 mm)

Fig. 5-29 The nephogram of radial pressure distribution(d_{o3}=10 mm)

图 5-30 为出口内径为 11 mm 的雾化喷嘴的径向压力分布云图。径向压力呈现由切向入口往旋流室圆形截面中心处逐渐减小的规律,当出口内径继续由 10 mm增大到 11 mm,旋流室处的最大径向压力区域面积减小,由约占总面积的 50%减小到 37%。当出口内径超过 10 mm,继续增大出口内径,由于黏结液受到的沿途阻力过小,使喷嘴内气液两相混合的时间缩短,削弱了旋流室内黏结液的旋流强度,因此提供给黏结液做旋流运动的压降减小,黏结液的雾化效果下降。

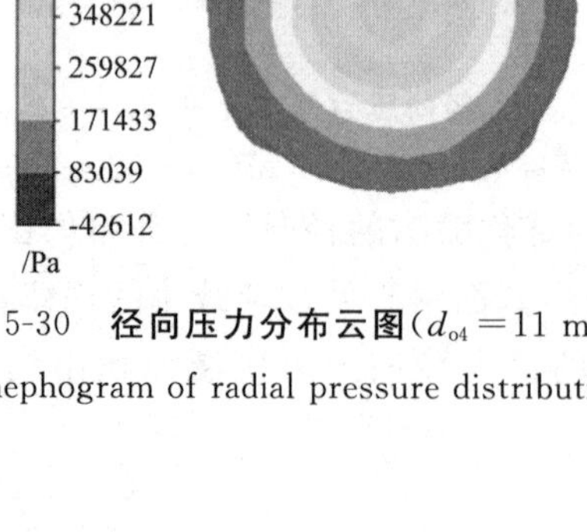

图 5-30 径向压力分布云图(d_{o4}=11 mm)

Fig. 5-30 The nephogram of radial pressure distribution(d_{o4}=11 mm)

4. 轴向速度场分析

出口内径为 9 mm 的雾化喷嘴的黏结液轴向速度分布如图 5-31 所示。当出口内径由 8 mm 增大到 9 mm，喷嘴旋流室处和出口处的黏结液最大轴向速度梯度都由 10.53～11.70 m/s 增大到 12.53～13.92 m/s。由于喷嘴出口内径适度增大，使黏结液受到的沿途阻力减小，能够加快黏结液的轴向运动，进而导致旋流室和出口处的轴向速度增大，提高了黏结液的雾化效果。

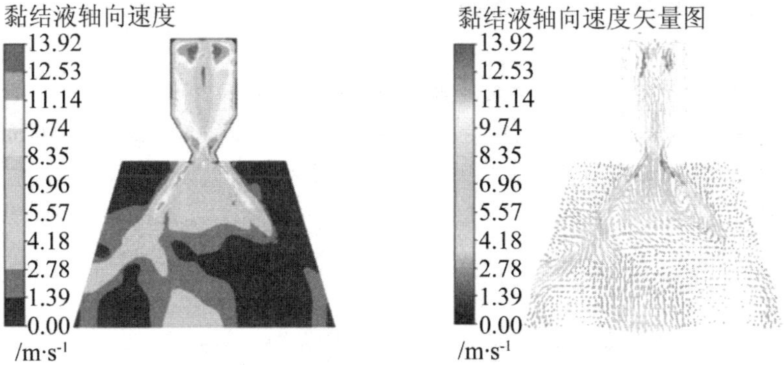

图 5-31　黏结液轴向速度分布云图(d_{o2} = 9 mm)

Fig. 5-31　The nephogram of axial velocity distribution of binder(d_{o2} = 9 mm)

图 5-32 为出口内径为 10 mm 的雾化喷嘴的黏结液轴向速度分布云图。当出口内径由 9 mm 进一步增大到 10 mm，喷嘴旋流室处和出口处的黏结液最大轴向速度梯度并没有发生变化，而黏结液的最大轴向速度区域面积却出现了较大幅度的增大。当出口内径由 9 mm 继续增大到 10 mm，黏结液受到的沿途阻力继续减小，使旋流室内黏结液的旋流强度进一步增大，导致旋流室处的黏结液轴向速度增大，由于提供给黏结液做旋流运动的压降增大，使出口的黏结液轴向速度增大，进一步提高了黏结液的雾化效果。

图 5-33 为出口内径为 11 mm 的雾化喷嘴的黏结液轴向速度分布云图。当出口内径由 10 mm 继续增大到 11 mm，喷嘴旋流室处和出口处的黏结液的最大轴向速度梯度都由 12.53～13.92 m/s 减小到 11.14～12.53 m/s。当出口内径超过 10 mm，继续增大出口内径，使喷嘴内气液两相混合时间缩短，削弱了旋流室内黏结液的旋流强度，旋流室处和出口处的黏结液的轴向速度反而减小，使黏结液液膜的破碎变得更加困难，进一步降低了黏结液的雾化效果。

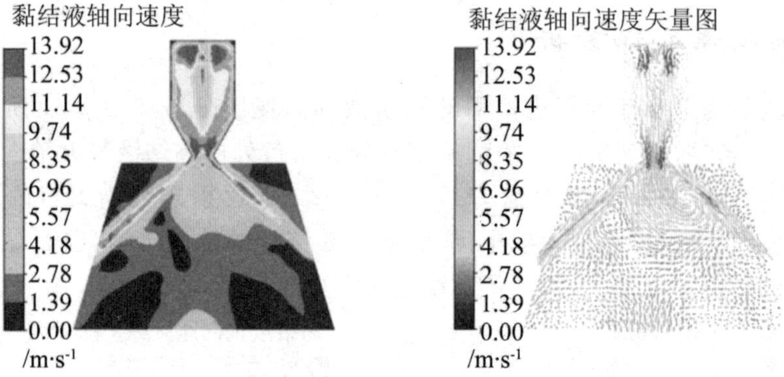

图 5-32　黏结液轴向速度分布云图($d_{o3}=10$ mm)

Fig. 5-32　The nephogram of axial velocity distribution of binder($d_{o3}=10$ mm)

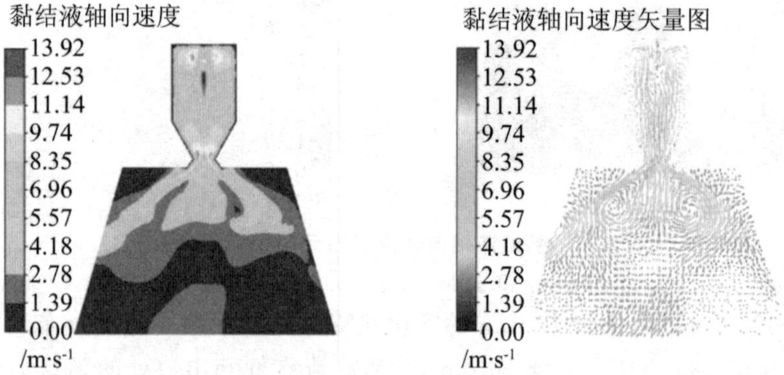

图 5-33　黏结液轴向速度分布云图($d_{o4}=11$ mm)

Fig. 5-33　The nephogram of axial velocity distribution of binder($d_{o4}=11$ mm)

5. 径向速度分析

图 5-34 为出口内径为 9 mm 的雾化喷嘴的黏结液径向速度分布云图。当出口内径由 8 mm 增大到 9 mm，黏结液径向速度呈现在出口等直段圆形截面 2/3 处达到最大并往两边逐渐减小的规律，喷嘴出口处的黏结液最大径向速度梯度由 10.53～11.70 m/s 增大到 12.53～13.92 m/s，黏结液最大径向速度区域面积约占总面积的 13%。当出口内径增大到 9 mm，黏结液与旋流室壁面之间的摩擦力减小，喷嘴内气液两相混合得更加充分，旋流室内黏结液的旋流强度增大，使喷出的黏结液液膜的离心运动强度增大，导致空气动力增大使黏结液液膜更容易破碎成细小的雾化液滴，有利于黏结液的雾化，黏结液的雾化效果提高。

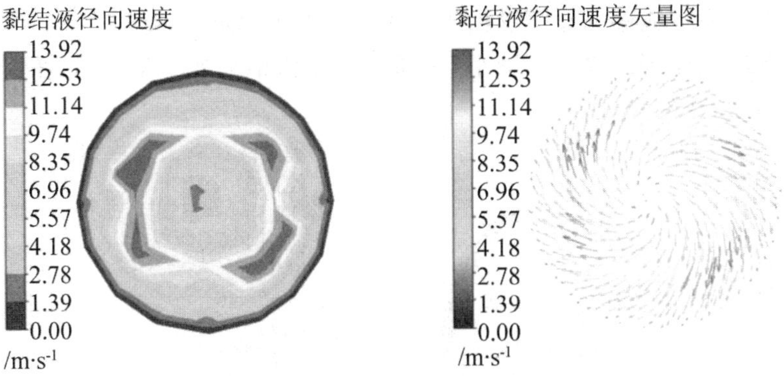

图 5-34 黏结液径向速度分布云图($d_{o2}=9$ mm)

Fig. 5-34 The nephogram of radial velocity distribution of binder($d_{o2}=9$ mm)

出口内径为 10 mm 的雾化喷嘴的黏结液径向速度分布如图 5-35 所示。当出口内径继续增大到 10 mm,黏结液径向速度呈现在出口等直段圆形截面 2/3 处达到最大并往两边逐渐减小的规律,喷嘴出口处的黏结液最大径向速度梯度并没有发生变化,而黏结液的最大径向速度区域面积却由 13%增大到 32%。当出口内径进一步增大到 10 mm,喷嘴内气液两相混合得更加充分,黏结液的旋流强度进一步增大,使出口处黏结液受到的离心力增大,导致黏结液径向速度大幅度增大,黏结液的雾化效果大幅度提高。

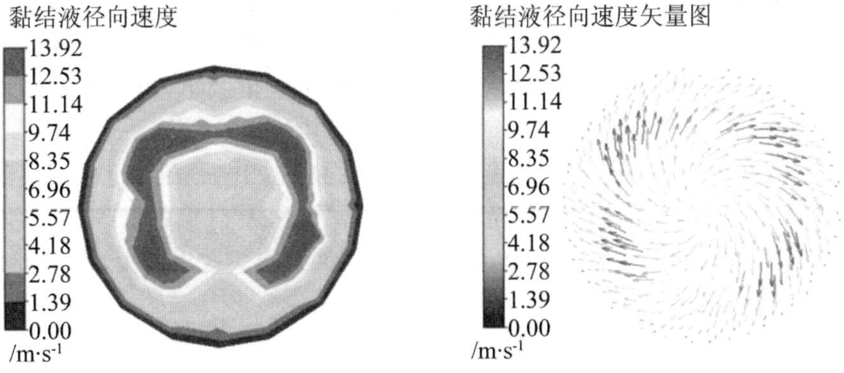

图 5-35 黏结液径向速度分布云图($d_{o3}=10$ mm)

Fig. 5-35 The nephogram of radial velocity distribution of binder($d_{o3}=10$ mm)

图 5-36 为出口内径为 11 mm 的雾化喷嘴的黏结液径向速度分布云图。黏结液径向速度呈现在出口等直段圆形截面 2/3 处达到最大并往两边逐渐减小的规律,当出口内径继续增大到 11 mm,喷嘴出口处的黏结液最大径向速度梯度反而减小,由 12.53～13.92 m/s 下降到 11.14～12.53 m/s。当出口内径超过 10 mm,

继续增大出口内径能够缩短喷嘴内气液两相混合的时间，黏结液的旋流强度减小，使出口处黏结液受到的离心力减小，从而使黏结液液膜难以破碎成细小的雾化液滴，降低了黏结液的雾化效果。

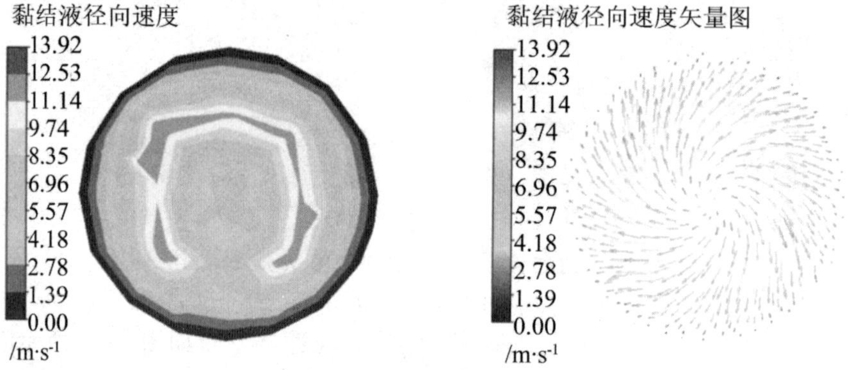

图 5-36　黏结液径向速度分布云图($d_{o4}=11$mm)

Fig. 5-36　The nephogram of radial velocity distribution of binder($d_{o4}=11$mm)

5.2.5　结论

(1)喷嘴出口内径从 8 mm 增大到 10 mm，黏结液在旋流室的旋流运动更加强烈，喷嘴出口处附近形成的负压由 23461 Pa 增大到 54715 Pa，空气芯平均直径增大，雾化锥角由 79°增大到 97°，出口处黏结液的速度增大。当喷嘴出口内径继续增大到 11 mm，旋流室中黏结液的旋流强度减小，喷嘴出口处附近形成的负压由 54715 Pa 增大至 42612 Pa，空气芯平均直径和雾化锥角减小，出口处黏结液的速度减小。

(2)与出口内径为 8 mm 的喷嘴相比，出口内径为 10 mm 的喷嘴的黏结液的旋流强度更大，喷嘴出口附近处的负压由 23461 Pa 增大到 54715 Pa，空气芯平均直径和雾化锥角都有较大幅度的增大，出口处的黏结液速度也增大，进一步提高了黏结液的雾化效果。

5.3　本章小结

(1)探究喷嘴出口形状对多相流旋转耦合场制备 Si_3N_4 颗粒的黏结液雾化过程的影响，对四种不同出口形状的喷嘴的流场进行数值模拟，与出口形状为直角型的喷嘴相比，出口形状为扩张型的喷嘴内部空气芯的平均直径较大，黏结液的旋流强度较大，喷嘴出口附近处的负压由 16732 Pa 增大到 23461 Pa，黏结液出口速度和雾化锥角也较大，雾化效果有了一定的改善。

(2)解释了喷嘴出口内径对多相流旋转耦合场制备 Si_3N_4 颗粒的黏结液雾化过程的影响规律。与出口内径为 8 mm 的喷嘴相比，出口内径为 10 mm 的喷嘴的黏结液的旋流强度更大，喷嘴中心轴线处的空气芯平均直径更大，雾化锥角由 79°增大到 97°，出口处的黏结液速度更大，进一步提高了喷嘴的雾化效果。

第 6 章　多相流旋转耦合场制备 Si_3N_4 颗粒雾化过程数值模拟实验验证

为验证多相流旋转耦合场制备 Si_3N_4 颗粒的黏结液雾化过程数值模拟的正确性，以黏结液为实验对象、四种不同出口内径的多相流旋转耦合场雾化作为实验辅助工具，通过自行搭建多相流旋转耦合场雾化检测平台，测量黏结液从四种不同出口内径的喷嘴喷出形成的雾化锥角，对黏结液的雾化效果进行分析，并利用多相流旋转耦合场制粒装置制备 Si_3N_4 颗粒，通过水分测试仪测得 Si_3N_4 颗粒的含水率，利用扫描电子显微镜测得 Si_3N_4 颗粒的微观形貌，对 Si_3N_4 颗粒性能进行分析。

6.1　实验平台

6.1.1　多相流旋转耦合场制备 Si_3N_4 颗粒的黏结液雾化过程检测平台

为了验证数值模拟的正确性，建立如图 6-1 所示的多相流旋转耦合场雾化检测平台。将配好的密度为 2000 kg/m^3、黏度为 0.02 kg/(m·s)的黏结液注入储液罐中，然后启动电动机驱动水泵工作，储液罐中的黏结液通过水泵的吸力沿着流通管道进入雾化喷嘴，最终从喷嘴出口喷出，完成雾化过程。通过压力控制阀调节流通管道中的压力，而压力传感器负责对流通管道中的压力进行实时监测，以保证雾化实验的入口压力与数值模拟的入口压力一致，并通过流量传感器实时监测黏结液的流量变化。I、II、III、IV、V 为五个实验过程。I 表示从喷嘴出口喷出的黏结液雾化液滴与均匀的 Si_3N_4 粉体结合，完成多相流旋转耦合场制备 Si_3N_4 颗粒的雾化增湿过程，并将雾化增湿后的 Si_3N_4 粉体通过多相流旋转耦合场制粒装置制备得到 Si_3N_4 颗粒。过程 II 表示利用高性能数码相机拍摄黏结液从多相流旋转耦合场雾化喷嘴出口喷出时形成的雾化锥角。过程 III 表示利用水分测试仪测量 Si_3N_4 颗粒的含水率。过程 IV 表示利用扫描电子显微镜观察 Si_3N_4 颗粒的微观形貌。过程 V 表示利用高性能电脑对各项检测得到的数据进行处理和整合。

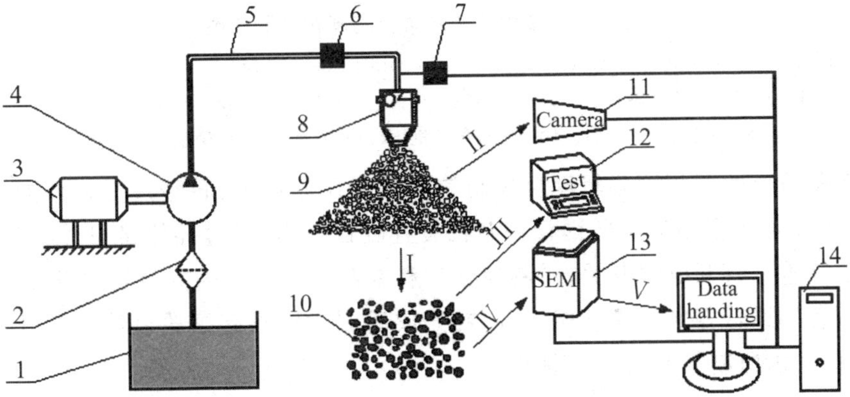

图 6-1　多相流旋转耦合场雾化检测平台简图

Fig. 6-1　Sketch of multi-phase flow rotating coupling field atomization detection platform

1—储液罐；2—压力控制阀；3—电动机；4—水泵；5—流通管道；6—压力传感器；
7—流量传感器；8—雾化喷嘴；9—黏结液雾化液滴；10—Si_3N_4 颗粒；11—高性能数码相机；
12—水分测试仪；13—扫描电子显微镜；14—高性能电脑

6.1.2　多相流旋转耦合场制备 Si_3N_4 颗粒试验平台

多相流旋转耦合场制备 Si_3N_4 颗粒的雾化增湿过程完成后，需要对混有黏结液的 Si_3N_4 粉体进行制粒。多相流旋转耦合场制粒装置的结构如图 6-2 所示。图 6-2(a)为多相流旋转耦合场制粒装置结构简图，图 6-2(b)为多相流旋转耦合场制粒装置实物图，其主要传动部分为电动机、皮带传动机构、搅拌轴、制粒立柱、铰刀、蜗轮蜗杆减速器、制粒室，其他部分为刮刀、制粒室底座、摇轮、喷嘴。

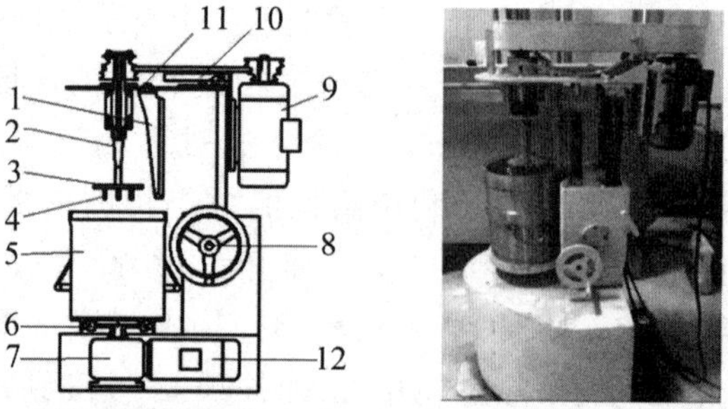

(a)制粒装置结构简图
(a)Structure diagram of granulating device

(b)制粒装置实物图
(b)Physical diagram of granulating device

图 6-2 多相流旋转耦合场制粒装置简图

Fig. 6-2 Sketch of granulating device of multi-phase flow rotating coupling field

1—刮刀;2—搅拌轴;3—铰刀;4—制粒立柱;5—制粒室;6—制粒室底座;7—减速器;
8—摇轮;9—电动机;10—皮带传动机构;11—喷嘴;12—蜗轮蜗杆减速器

实验所用的多相流旋转耦合场制粒装置工作原理为:将经过雾化增湿之后的 Si_3N_4 粉体加入多相流旋转耦合场制粒装置制粒室内,通过摇轮将机体上部放下,并盖上筒盖。打开电源开关,对制粒立柱和制粒室的转速进行调节,制粒立柱和制粒室两者的旋转方向要保证相反,制粒完成后顺时针摇起摇轮将筒盖打开并取下制粒室,倒出所制得的 Si_3N_4 颗粒。

6.1.3 Si_3N_4 颗粒性能检测仪器

(1)佳能 EOS 50D 数码单反相机(日本佳能公司):拥有 CMOS 对焦技术,TTL 相位检测对焦系统,有效像素 1510 万,最高分辨率为 4752×3168,传感器尺寸 APS-C 为 22.3 mm×14.9 mm,感光度 ISO100~1600,扩展达 12800,快门速度为 1/8000~30 s。实物图见图 6-3。

图 6-3 高性能数码相机实物图

Fig. 6-3 Diagram of high-performance digital camera

(2)PL-100Z 型水分测试仪(上海品重检测设备有限公司):称重范围:0～90 g,测试空间为 3 cm,水分测试范围为 0～100%,称重系统精度为 0.001 g,样品质量为 0～90 g,温度误差为±0.5 ℃,温度分辨率为 0.1 ℃,频率为(50±1 Hz),工作环境温度为−5～50 ℃。实物图见图 6-4。

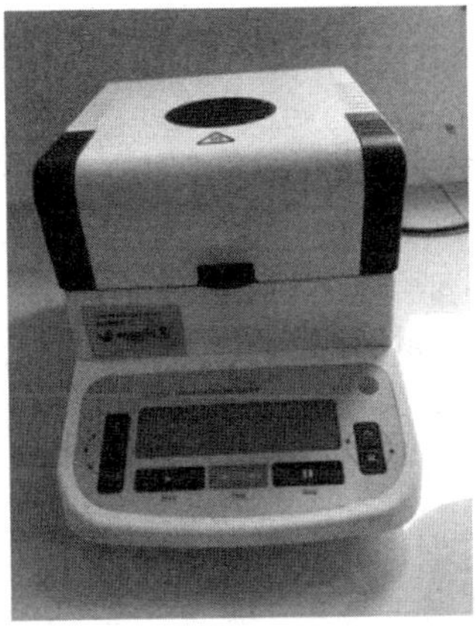

图 6-4　水分测试仪实物图

Fig. 6-4　Diagram of moisture tester

(3)COXEM EM-30AX SEM(韩国库塞姆公司):高分辨率台式扫描电镜(2560×1920),放大倍数范围为 20～100000 倍,二次电子像的分辨率为 5～10 nm,背反射电子像的分辨率约为 50～200 nm。实物图见图 6-5。

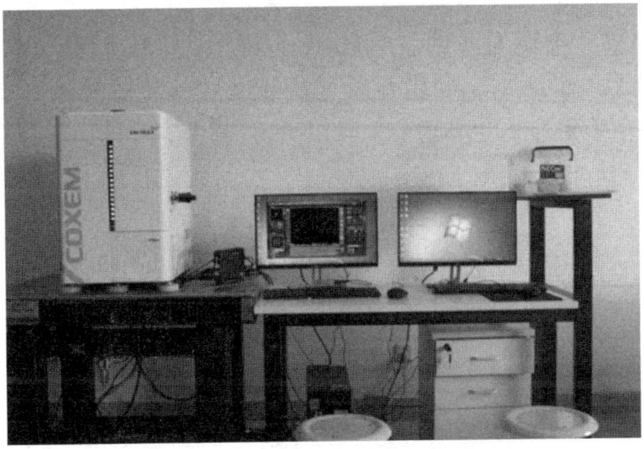

图 6-5　扫描电子显微镜实物图

Fig. 6-5　Diagram of scanning electron microscope

6.2 实验原料及制备方法

6.2.1 实验原料及添加剂

(1)实验原料：Si_3N_4 粉体，由阿法埃莎（中国）化学有限公司提供，Si_3N_4 粉体的参数为平均粒径大小为 0.5 μm，$\alpha-Si_3N_4$ 的质量分数为 98.5%以上。

(2)添加剂：① 羧甲基纤维素钠（Sodium carboxymethyl cellulose，CMC-Na），主要起到提高 Si_3N_4 颗粒稳定性的作用，由山东东达纤维素有限公司提供；② 聚乙二醇（Polyethylene glycol，PEG），主要起到提高 Si_3N_4 颗粒强度的作用，由广州恒宇化工有限公司提供；③ 海藻酸钠（sodium alginate，SA），主要起到增强 Si_3N_4 制粒效果的作用，由陕西晨明生物科技有限公司提供。

6.2.2 Si_3N_4 颗粒制备方法

Si_3N_4 颗粒制备流程如图 6-6 所示：

(1)黏结液配备过程：在带有搅拌装置的缸体内加入一定量的水，分别将一定量的羧甲基纤维素钠、聚乙二醇、海藻酸钠缓慢地加入独立的缸体内，不停地均匀搅拌，使得羧甲基纤维素钠、聚乙二醇、海藻酸钠和水能够完全结合而充分溶化，按照一定体积比例对三种添加剂进行混合，配备出用于实验的黏结液，黏结液中各种添加剂的参数如表 6-1 所示。利用密度计和黏度计对黏结液的密度和黏度进行测量，保证黏结液的密度为 2000 kg/m^3、黏度为 0.02 $kg/(m\cdot s)$，与数值模拟参数一致。

表 6-1 黏结液成分参数

Table6-1 Composition parameters of binder

添加剂	纯度/%	百分比/wt.%
CMC-Na	98.7	6
SA	96	9
PEG	92	5
Water	100	80

(2)雾化增湿:将配好的黏结液缓慢地倒入多相流旋转耦合场雾化检测平台的储液罐中,启动电动机来驱动水泵工作,储液罐中的黏结液通过水泵的吸力沿着流通管道进入雾化喷嘴,利用多相流旋转耦合场雾化喷嘴的雾化来完成 Si_3N_4 粉体的雾化增湿过程。

(3)制粒:将经过雾化增湿之后的 Si_3N_4 粉体加入多相流旋转耦合场制粒装置制粒室内,通过摇轮将机体上部放下,并盖上筒盖。打开电源开关,设置铰刀转速、制粒室转速进行制粒,得到有一定含水率的 Si_3N_4 颗粒。

(4)颗粒性能检测:利用水分测试仪测量制得的 Si_3N_4 颗粒的含水率,利用扫描电子显微镜观察制得的 Si_3N_4 颗粒的微观形貌,对 Si_3N_4 的颗粒性能进行分析。

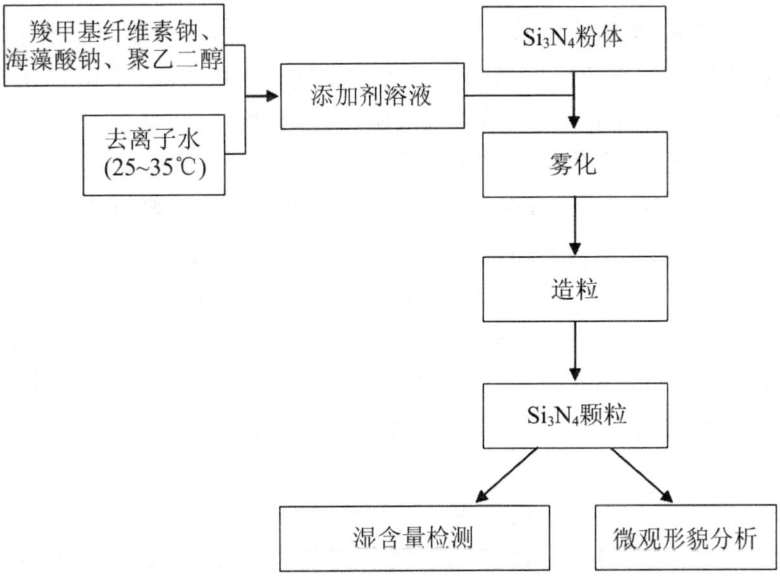

图 6-6　Si_3N_4 颗粒制备流程图

Fig. 6-6　Flow chart of Si_3N_4 particles preparation

6.3 实验结果分析

6.3.1 黏结液雾化效果分析

利用高性能数码相机拍摄黏结液从四种不同出口内径的喷嘴喷出后形成的雾化锥角，通过实验和数值模拟得到的雾化锥角如表 6-2 所示。当喷嘴出口内径从 8 mm增大到 10 mm，雾化锥角增大。在一定范围内，随着出口内径的增大，喷嘴内黏结液的流量增大，喷嘴内气液两相流的旋流强度增大，从而增大了黏结液从喷嘴出口喷出形成的雾化锥角。但当喷嘴出口内径进一步增大到 11 mm，由于喷嘴出口喷出的黏结液的流量过大，喷嘴内气液两相流的混合时间缩短，喷嘴内气液两相流的旋流强度降低，使雾化锥角不增大反而减小。

当喷嘴出口内径为 8 mm 时，黏结液的喷出受到一定的限制，喷嘴内气液两相混合时间充足，因此喷嘴内黏结液的流量对喷嘴内气液两相流的旋流强度起主导作用。当喷嘴出口内径由 8 mm 增大到 10 mm 时，喷嘴内黏结液的流量不断增大，使喷嘴内气液两相流的旋流强度增大，雾化锥角由 76°增大到 94°。然而，当喷嘴出口内径由 10 mm 增大到 11 mm 时，由于喷嘴内雾化液体的流量进一步增大，从而减小了喷嘴内气液两相流的混合时间和旋流强度，使雾化锥角由 94°减小到 91°。

综上所述，考虑到雾化锥角为衡量黏结液雾化效果的指标之一，喷嘴出口内径为 10 mm 的多相流旋转耦合场雾化喷嘴的雾化性能最好，黏结液的雾化效果最佳。从表中看到，数值模拟的雾化锥角略大于实验测得的雾化锥角，这可能是由于数值模拟中并没有考虑空气与喷嘴内黏结液的相互作用，或者忽略了电机高速旋转引起的振动和机架的稳定性，零件在工作过程中不规则抖动也会对喷嘴的雾化效果产生一定的影响。但是数值模拟的雾化锥角的变化趋势与实验的雾化锥角的变化趋势基本一致，最大相对误差为 3.8%，验证了数值模拟的正确性。

表 6-2　出口内径对雾化锥角的影响

Table6-2　Effect of orifice diameter on spray cone angle

喷嘴类型/mm	数据	雾化锥角/°	误差/%
$d_{o1}=8$	CFD	79	3.8
	试验数据	76	
$d_{o2}=9$	CFD	82	2.44
	试验数据	80	
$d_{o3}=10$	CFD	97	3.09
	试验数据	94	
$d_{o4}=11$	CFD	93	2.15
	试验数据	91	

6.3.2 Si_3N_4 颗粒性能分析

1. Si_3N_4 颗粒含水率分析

利用水分测试仪测量制得的 Si_3N_4 颗粒的含水率，颗粒的含水率能够反映黏结液雾化液滴的粒径大小，从而能够间接地反映四种不同出口内径的喷嘴出口处黏结液液膜的厚度。四种不同出口内径的喷嘴对应的 Si_3N_4 颗粒的含水率如图6-7所示，在 10 s 之前，随着测量时间的增加，四种不同出口内径喷嘴对应的 Si_3N_4 颗粒的含水率都呈现逐渐增加的趋势，但在 10 s 之后，陶瓷颗粒的含水率均达到稳定，随后并没有随测量时间而发生变化。当测量时间相同时，四种不同出口内径的喷嘴对应的 Si_3N_4 颗粒的含水率大小关系为：$\omega_1<\omega_2<\omega_4<\omega_3$，下标 1、2、3、4 表示出口内径分别为 d_{o1}、d_{o2}、d_{o3}、d_{o4} 的喷嘴。出口内径为 8 mm 的喷嘴对应的 Si_3N_4 颗粒的含水率最大，说明从喷嘴喷出的黏结液雾化液滴的粒径最大，则喷嘴出口处的黏结液液膜厚度最大。出口内径为 10 mm 对应的 Si_3N_4 颗粒的含水率最小，说明从喷嘴喷出的黏结液液滴最小，则喷嘴出口处的黏结液液膜厚度最小。喷嘴出口处黏结液的液膜厚度越小，说明喷嘴内部的空气芯平均直径越大。Si_3N_4 颗粒的含水率测量结果能够很好地验证数值模拟的正确性。

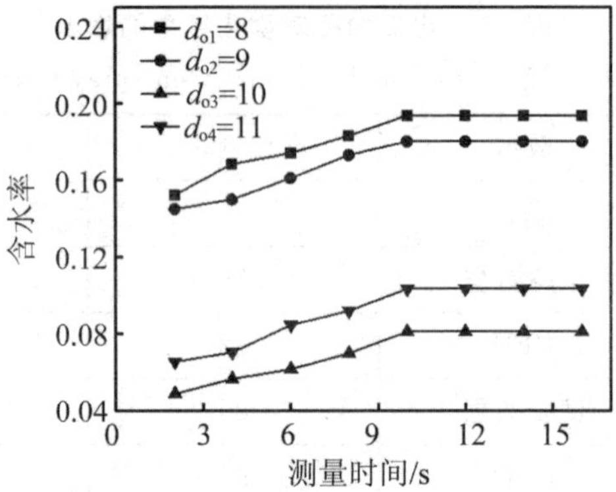

图 6-7 Si_3N_4 颗粒含水率变化图

Fig. 6-7 Moisture content diagram of Si_3N_4 particles

2. Si_3N_4 颗粒微观形貌分析

除了利用高性能数码相机、水分测试仪对数值模拟进行验证之外，还利用扫描电子显微镜观察四种不同出口内径的喷嘴对应的 Si_3N_4 颗粒的微观形貌，并测量了四种不同出口内径的喷嘴对应的 Si_3N_4 颗粒尺寸。四种不同出口内径的喷嘴对应的 Si_3N_4 颗粒的微观形貌如图 6-8 所示，当放大倍数均为 110 时，出口内径分别为 d_{o1}、d_{o2}、d_{o3}、d_{o4} 的喷嘴对应的 Si_3N_4 颗粒的平均粒度大小分别约为 120 μm、100 μm、60 μm 和 75 μm。以上数据表明，在相同放大倍数的条件下，当喷嘴出口内径从 8 mm 增大到 10 mm，Si_3N_4 颗粒的平均粒度由 120 μm 减小到 60 μm，间接地反映了喷嘴出口处的黏结液液膜厚度随出口内径增大而减小。而当喷嘴出口内径进一步增大到 11 mm，Si_3N_4 颗粒的平均粒度由 60 μm 增大到 75 μm，这说明当喷嘴出口内径超出最佳范围，黏结液液膜厚度并没有减小反而增大。考虑到液膜厚度为衡量黏结液雾化效果的指标之一，出口内径为 10 mm 的多相流旋转耦合场雾化喷嘴的雾化性能最好，黏结液的雾化效果最佳。Si_3N_4 颗粒微观形貌的测量结果能够很好地反映数值模拟结果，进一步验证数值模拟的正确性。

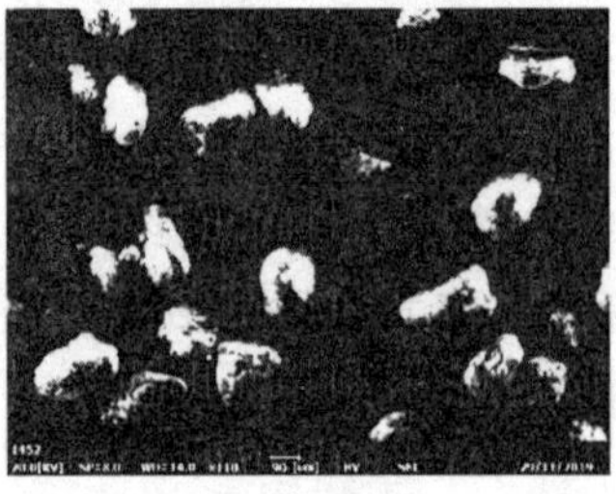

(a)d_{o1}=8mm

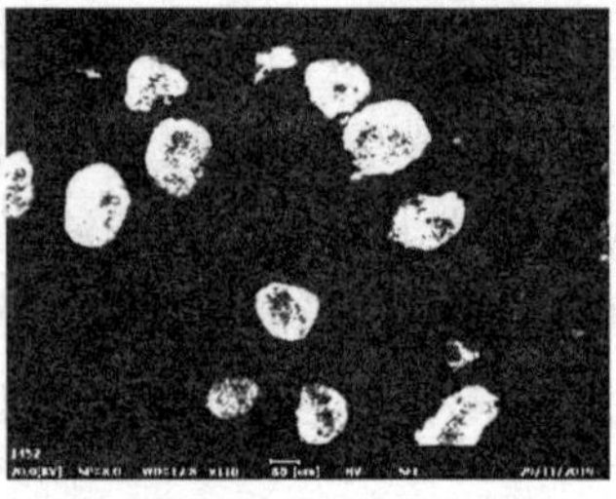

(b)d_{o2}=9mm

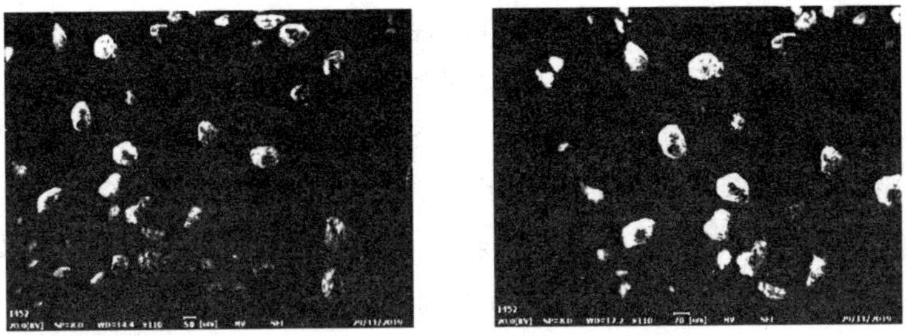

(c)d_{o3}=10mm　　(d)d_{o4}=11mm

图 6-8　Si_3N_4 颗粒微观形貌

Fig. 6-8　Micromorphology of Si_3N_4 particles

6.4　本章小结

为验证多相流旋转耦合场制备 Si_3N_4 颗粒的黏结液雾化过程数值模拟的正确性，对自行搭建的多相流旋转耦合场雾化检测平台和多相流旋转耦合场制粒装置进行系统性的阐述，并对用于实验的检测仪器(高性能数码相机、水分测试仪和扫描电子显微镜)的性能参数进行了简述，对用于实验的原料、添加剂以及 Si_3N_4 颗粒的制备流程进行阐述。以黏结液为实验对象、四种不同出口内径的喷嘴为辅助实验工具，对四种不同出口内径的喷嘴对应的雾化锥角、Si_3N_4 颗粒的含水率和 Si_3N_4 颗粒的微观形貌进行测量，从黏结液的雾化效果和 Si_3N_4 颗粒性能两个方面进行实验分析，得到以下结论：

(1)当喷嘴出口内径从 8 mm 增大到 10 mm，由于出口内径的适当增大，喷嘴内黏结液的流量不断增大，使喷嘴内气液两相流的旋流强度增大，雾化锥角由 76°增大到 94°。但当喷嘴出口内径进一步增大到 11 mm，由于喷嘴内黏结液的流量进一步增大，导致喷嘴内气液两相流的混合时间和旋流强度减小，雾化锥角由 94°减小到 91°。实验结果与数值模拟结果基本一致，最大相对误差为 4.54%，验证了数值模拟的正确性。

(2)当测量时间相同时，出口内径为 10 mm 的喷嘴对应的 Si_3N_4 颗粒的含水率最小，说明喷嘴喷出的黏结液雾化液滴最小，喷嘴出口处的黏结液液膜厚度最小，间接反映了出口内径为 10 mm 的喷嘴的空气芯平均直径最大。Si_3N_4 颗粒的含水率测量结果能够很好地间接验证数值模拟的正确性。

(3)放大倍数都为 110,当喷嘴出口内径从 8 mm 增大到 10 mm,Si_3N_4 颗粒的平均粒度由 120 μm 减小到 60 μm,而当喷嘴出口内径进一步增大到 11 mm,Si_3N_4 颗粒的平均粒度由 60 μm 增大到 75 μm。Si_3N_4 颗粒的平均粒度大小反映了喷嘴出口处黏结液的液膜厚度,出口内径为 10 mm 的喷嘴出口处的黏结液液膜厚度最小,黏结液的雾化效果最佳。Si_3N_4 颗粒微观形貌的测量结果能够很好地反映数值模拟结果,进一步验证了数值模拟的正确性。

第 7 章　结论与展望

7.1　结　　论

为改善 Si_3N_4 颗粒存在的流动性差、成型压缩比小和成型率低等缺陷，基于VOF 方法分析多相流旋转耦合场雾化喷嘴内空气-黏结液气液两相流的相互作用，采用 realizable k-ε 模型模拟计算黏结液在雾化喷嘴内部的湍流状态，通过建立黏结液雾化过程数学模型模拟黏结液在喷嘴内部的三维运动特性，分析喷嘴入口结构、旋流室结构和出口结构对黏结液旋流强度、喷嘴出口附近处形成的负压、空气芯平均直径、雾化锥角和喷嘴出口处的黏结液速度的影响，得到以下结论：

(1)采用单因素变量法，对多相流旋转耦合场雾化喷嘴入口结构进行设计，分析喷嘴切向入口数目和切向入口倾斜角度对多相流旋转耦合场制备 Si_3N_4 颗粒的黏结液雾化过程的影响。综合分析可知，喷嘴切向入口数目为 4、切向入口倾斜角度为 30°的多相流旋转耦合场雾化喷嘴对应的黏结液雾化效果较好。

(2)通过对多相流旋转耦合场雾化喷嘴旋流室结构进行设计，分析喷嘴旋流室高度和旋流室内径对黏结液雾化效果的影响。综合分析可知，喷嘴旋流室高度为23.24 mm、旋流室内径为 20 mm 的多相流旋转耦合场雾化喷嘴对应的黏结液雾化效果较好。

(3)在雾化喷嘴的入口结构和旋流室结构优化的基础上，通过对多相流旋转耦合场雾化喷嘴出口结构进行设计，分析喷嘴出口形状和出口内径对黏结液的雾化效果的影响。综合分析可知，喷嘴出口形状为扩张型、出口内径为 10 mm 的多相流旋转耦合场雾化喷嘴对应的黏结液雾化效果较好。

(4) 以黏结液为实验对象、四种不同出口内径的喷嘴为辅助实验工具，自行搭建多相流旋转耦合场雾化检测平台测量黏结液从四种不同出口内径的喷嘴喷出形成的雾化锥角,对黏结液的雾化效果进行分析,并利用多相流旋转耦合场制粒装置制备 Si_3N_4 颗粒,通过水分测试仪测得 Si_3N_4 颗粒的含水率,利用扫描电子显微镜测得 Si_3N_4 颗粒的微观形貌,对 Si_3N_4 颗粒性能进行分析,实验结果与数值模拟结果吻合较好,验证了数值模拟的正确性。

本文的研究成果能够为有效预测和优化黏结液在多相流旋转耦合场雾化喷嘴内的流场分布和外部喷雾特性提供一定的理论依据,对改善 Si_3N_4 颗粒流动性差、成型压缩比小和成型率低等缺陷具有重要的指导意义,并可为多相流旋转耦合场雾化喷嘴的结构优化提供一定的理论参考,对制备节能环保、品质改善和低投入高产值的先进 Si_3N_4 颗粒具有一定的理论指导意义。

7.2 展　　望

本文对黏结液在多相流旋转耦合场雾化喷嘴的内部流场分布和外部喷雾特性进行了数值模拟研究,为改善 Si_3N_4 颗粒流动性差、成型压缩比小和成型率低等缺陷提供了一定的指导意义,但是本文仍然存在一些问题需要更深层次的研究。

(1)本文主要研究黏结液在多相流旋转耦合场雾化喷嘴的内部流场分布和外部喷雾特性,并没有研究黏结液在喷出喷嘴后的一次破碎和二次破碎情况,在以后的研究中可以进一步地研究黏结液液膜的破碎机理。

(2)实验是研究黏结液在多相流旋转耦合场雾化喷嘴的外部喷雾特性的一个重要手段,今后要完善雾化实验台测试系统,要能测量出喷嘴出口处黏结液液膜的速度以及湍动能等参数,从而对今后多相流旋转耦合场雾化喷嘴的结构设计及优化提供有力的实验数据支撑。

参考文献

[1] 徐晨辉，张宁，赵介南，等. Si_3N_4 陶瓷粉体的制备研究进展[J]. 粉末冶金工业，2019，29(04):82-86.

[2] 姚冬旭，曾宇平. 多孔 Si_3N_4 陶瓷制备及其性能研究进展[J]. 硅酸盐学报，2019，47(09):1235-1241.

[3] 李亚伟，张忻，田海兵，等. 硅粉直接氮化反应合成 Si_3N_4 研究[J]. 硅酸盐通报，2003，22(01):30-34.

[4] 李虹，黄莉萍，蒋薪. 碳热还原法制备 Si_3N_4 粉体的反应过程分析[J]. 无机材料学报，1996，11(02):241-246.

[5] 李金富，李康，王拥军，等. 工艺参数对自蔓燃制备 Si_3N_4 粉体的影响[J]. 硅酸盐通报，2007，26(02):252-255.

[6] 王勇，沃银花，姚奎鸿，等. 流态床 CVD 法纳米 Si_3N_4 粉体的制备[J]. 无机材料学报，2006(01):43-47.

[7] 吴南星，成飞，余冬玲，等. 陶瓷墙地砖干法制粉造粒过程湿含量数值分析[J]. 人工晶体学报，2016，45(10):2536-2541.

[8] 李绍勇，周荣光，梁飞峰. 超细化干法造粒制备陶瓷粉料技术[J]. 佛山陶瓷，2010，20(08):24-26.

[9] 吴南星，廖达海，占甜甜. 陶瓷干法制粉机搅拌轴偏心距对颗粒分散性的影响[J]. 硅酸盐通报，2014,33(12):3300-3303.

[10] 廖达海，朱祚祥，吴南星，等. 基于 CFD 的陶瓷干法制粉造粒室挡板数目优化[J]. 硅酸盐通报，2018，37(05):1667-1674.

[11] 吴南星，廖达海，肖志锋. 陶瓷干法造粒机的数值模拟及其优化设计[J]. 陶瓷学报，2014,35(01):82-87.

[12] 曾令可，邓伟强，刘艳春，等. 陶瓷工业能耗的现状及节能技术措施[J]. 陶瓷学报，2006，27(01):109-115.

[13] 吴南星，赵增怡，花拥斌，等. 旋转流场式陶瓷干法制粉造粒立柱直径对粉体级配的影响[J]. 中国粉体技术，2018,24(03):34-38.

[14] LIAO D H, ZHENG Q, ZHAO Z Y, et al. Numerical analysis on gas-solid mixing in ceramic dry granulation room with baffles[C]. microelectronics systems education, 2019, 479(01):01-07.

[15] RATTES A L R, OLIVEIRA W P. Spray drying conditions and encapsulating composition effects on formation and properties of sodium diclofenac microparticles[J]. Powder Technology, 2007, 171(01):7-14.

[16] SHU Z, ZHOU J, WANG Y X. A novel approach of preparing press-powders for cleaner production of ceramic tiles[J]. Journal of Cleaner Production, 18(10-11):1045-1051.

[17] 廖达海，宁翔，吴南星，等. 陶瓷墙地砖干法制粉坯料颗粒与主轴转速分析[J]. 陶瓷学报，2018，39(02):207-212.

[18] WU N X, BAO X, LIAO D H, et al. Analysis of Temperature Field on Ceramic Dry Granulation Machine[J]. Advanced Materials Research, 2014, 951:49-52.

[19] 叶菁. 粉体科学与工程基础[M]. 北京：科学出版社，2009.

[20] 吴南星，黄佳雯，占甜甜. 陶瓷干法造粒喷雾装置雾化效果的数值模拟[J]. 陶瓷学报，2015，36(02):185-189.

[21] 张楠，郑伍魁，丁松雄，等. 悬浮态干法造粒工艺制备陶瓷墙地砖坯体粉料的工艺参数研究[J]. 硅酸盐通报，2018，37(03):831-836.

[22] 阎蛇民，陶晓文，成智文，等. 连续式干法造粒工艺及颗粒优化技术的研究[J]. 陶瓷，2016，364(02):29-31.

[23] 廖达海，朱祚祥，吴南星，等. 陶瓷干法造粒过程坯料颗粒成形与雾化液含量的影响[J]. 人工晶体学报，2017(08):23-30.

[24] 万真，张天一，张志会，等. 马尔文激光粒度分析仪 Mastersizer 2000 及其应用[J]. 广东化工，2015，42(11):127-128.

[25] 陈明道，张法星，曲景学，等. 基于高速摄像法的斜槽颗粒流运动特性研究[J]. 珠江水运，2019，477(05):13-15.

[26] 张艳艳，巩轲，何淑芳，等. 激光多普勒测速技术进展[J]. 激光与红外，2010，40(11):1157-1162.

[27] 潘云，蔡慧妍. 激光全息照相实验的改进方法研究[J]. 价值工程，2014，33(29):206-208.

[28] KITAGAWA Y, HAYASHI A, MINAMI S. Fiber optic particle size monitor based on white light scattering[J]. Applied optics, 1992, 31(07): 859-865.

[29] TRATNIG A, BRENN G. Drop size spectra in sprays from pressure swirl atomizers[J]. International Journal of Multi phase Flow, 2010, 36(05): 349-363.

[30] LAN Z, ZHU D, TIAN W, et al. Experimental study on spray characteristics of pressureswirl nozzles in pressurizer[J]. Annals of Nuclear Energy, 2014, 63: 215-227.

[31] 苗懂艳，高贵军. 喷嘴螺旋倾角对雾化性能影响的试验研究[J]. 煤矿安全，2020，51(04):14-17.

[32] 赵亮，焦娟娟，王鹏，等. 空心喷嘴喷淋特性实验研究[J]. 过程工程学报，2019，19(06):1085-1092.

[33] 方立军，李斌. 压力式喷嘴雾化性能的试验研究[J]. 热能动力工程，2010，25(02):202-205.

[34] BELHADEF A, VALLET A, AMIELH M, et al. Pressure swirl atomization: Modeling and experimental approaches[J]. International Journal of Multi-phase Flow, 2012, 39(09):13-20.

[35] JIA M, XIE M, LIU H, et al. Numerical simulation of cavitation in the conical spray nozzle for diesel premixed charge compression ignition engines[J]. Fuel, 2011, 90(08):2652-2661.

[36] AMINI G. Liquid flow in a simplex swirl nozzle[J]. International Journal of Multi phase Flow, 2015, 79:225-235.

[37] 刘国库，潘刚，郑洪涛. 结构参数对喷嘴性能影响的数值研究[J]. 航空发动机，2015，41(05):28-32.

[38] 赵安文，郭耸，高尚，等. 脉冲清灰系统喷嘴型面结构参数优化[J]. 中国粉体技术，2018，24(01):52-57.

[39] 艾吉文，高智雪，张丽，等. 内混式空气雾化喷嘴雾化性能的实验及模拟研究[J]. 计算机与应用化学，2019，36(06):645-651.

[40] 陈晨，杨样，高宏力，等. 敞口式离心喷嘴内部及近喷口区域的流动特

性[J]. 航空动力学报，2016(12):2988-2995.
[41] HIRT C W, NICHOLS B D. Volume of fluid (VOF) method for the dynamics of free boundaries [J]. Journal of Computational Physics, 1981, 39(01):201-225.
[42] LAN Z K, ZHU D H, TIAN W X, et al. Numerical approaches and analysis of spray characteristics for pressuriser nozzles[J]. The Canadian Journal of Chemical Engineering, 2014, 92(05):953-963.
[43] 尹俊连，焦磊，仇性启，等. 旋流喷嘴内部流场的数值模拟和实验研究[J]. 浙江大学学报:工学版，2009，43(05):968-972.
[44] 吴南星，甘振华，余冬玲，等. 基于VOF方法的多孔陶瓷快速成型喷嘴流场数值分析[J]. 中国陶瓷，2018，54(10):54-60.
[45] 王维，李佑楚. 颗粒流体两相流模型研究进展[J]. 化学进展，2000，12(02):208-217.
[46] JEDELSKY J, JICHA M. Energy considerations in spraying process of a spill return pressure swirl atomizer[J]. Applied Energy, 2014, 132(11):485-495.
[47] BRONIZRZ-PRESS L W, ODARCZAK S, MATUSZAK M, et al. The effect of orifice shape and the injection pressure on enhancement of the atomization process for pressure swirl atomizers[J]. Crop Protection, 2016, 82:65-74.
[48] WANG X F, LEFEBVRE A H. Atomization performance of pressure swirl nozzles[J]. Atomization & Sprays, 2013, 4(03):351-367.
[49] FUSTER D, ANNE B, BOECK T, et al. Simulation of primary atomization with an octree adaptive mesh refinement and VOF method[J]. International Journal of Multi phase Flow, 2009, 35(06):550-565.
[50] TAO Q, XIN S, YAN L, et al. Effect of back pressure on nozzle inner flow in fuel injector[J]. Fuel, 2016, 173:79-89.

附　　录

1. 相关研究课题

[1] 国家自然科学基金，项目名称：陶瓷新型节能干法造粒机理及其装备关键技术研究，项目编号：51365018，项目结题时间：2018 年 4 月，吴南星主持。

[2] 国家自然科学基金，项目名称：陶瓷技术装备学术前沿与发展战略高层论坛，项目编号：51245007，项目结题时间：2014 年 05 月，吴南星主持。

[3] 国家自然科学基金，项目名称：基于 CFD-DEM 耦合方法的 Si_3N_4 粉体干法制备机理研究，项目编号：51964022，项目立项时间：2019 年 1 月，余冬玲主持。

[4] 江西省科技厅自然科学基金，项目名称：陶瓷干法造粒装备基础理论研究，项目编号：20114BAB206005，项目结题时间：2014 年 12 月，吴南星主持。

[5] 江西省高等学校科技落地计划项目，项目名称：陶瓷新型节能干法制粉机研制及其基础理论研究，项目编号：KJLD14074，项目结题时间：2017 年 12 月，吴南星主持。

[6] 横向课题，项目名称：建筑陶瓷干法制粉装备技术开发，合作单位：安徽赛而特离心机有限公司，项目结题时间：2017 年 12 月，吴南星主持。

[7] 江西省教育厅科技项目，多孔陶瓷坯体 3DP 技术成形基础理论研究，项目编号：752002-00258，项目结题时间：2017 年 12 月，廖达海主持。

[8] 景德镇市科技局项目，陶瓷墙地砖新型干法造粒制粉技术装备研发(制)，项目编号：753004-008，项目结题时间：2018 年 6 月，廖达海主持。

[9] 景德镇陶瓷大学校自选项目，陶瓷墙地砖干法制粉坯料成形机理研究，项目结题时间：2016 年 12 月，廖达海主持。

[10] 江西省教育厅科技项目,氮化硅陶瓷轴承球表面的缺陷形成机理及性能优化研究,项目编号:720-05237,项目立项时间:2019 年 11 月,廖达海主持。

[11] 江西省教育厅科技项目,干-湿组合式氮化硅粉体颗粒的成形过程及性能研究,项目编号:720-05186,项目立项时间:2019 年 11 月,吴南星主持。

2. 已授权相关专利

[1] 吴南星,廖达海,方长福,江竹亭,成飞,黄佳雯,占甜甜,陈正林. 振动搅拌式陶瓷干法造粒机及造粒方法:CN104906998A[P]. 2015-09-16.

[2] 吴南星,甘振华,王伟,余冬玲,江竹亭,陈涛,廖达海. 一种双螺旋式陶泥挤出造粒机:CN207522793U[P]. 2018-06-22.

[3] 吴南星,赵增怡,余冬玲,江竹亭,陈涛,方长福,廖达海,花拥斌,刘幸. 连续式陶瓷干法造粒及分离机:CN206286031U[P]. 2017-06-30.

[4] 吴南星,赵增怡,徐佳杰,宁翔,朱祚祥,花拥斌,程章云,刘玉涛. 一种松散型建筑陶瓷干法制粒装置:CN206276487U[P]. 2017-06-27.

[5] 吴南星,赵增怡,宁翔,徐佳杰,朱祚祥,程章云,花拥斌,刘玉涛. 一种桶式建筑陶瓷干法多级造粒粉碎装置:CN206262669U[P]. 2017-06-20.

[6] 吴南星,赵增怡,宁翔,徐佳杰,朱祚祥,程章云,花拥斌,刘玉涛. 一种桶式建筑陶瓷干法造粒及分离装置:CN206242214U[P]. 2017-06-13.

[7] 吴南星,占甜甜,余冬玲,廖达海,江竹亭,陈正林. 一种陶瓷墙地砖干法制粉机:CN204395900U[P]. 2015-06-17.

[8] 吴南星,占甜甜,方长福,余冬玲,廖达海,江竹亭. 一种陶瓷搅拌式干法造粒机:CN204261634U[P]. 2015-04-15.

[9] 廖达海,朱祚祥,刘玉涛,花拥斌,宁翔,徐佳杰,程章云. 一种陶瓷墙地砖坯料干法造粒及筛分装置:CN207086043U[P]. 2018-03-13.

[10] 廖达海,吴南星,余冬玲,江竹亭,成飞,陈涛,方长福,刘玉涛,宁翔. 循环式陶瓷面砖坯料干法造粒装置:CN206285860U[P]. 2017-06-30.

[11] 余冬玲,刘莉娅,黄韩凌燕,江竹亭,刘子硕,邓佩瑶,吴南星,廖达海. 一种陶瓷干法造粒螺旋进料及壁刮板装置:CN209138566U[P]. 2019-07-23.

[12] 余冬玲,宁翔,冼倍林,吴南星,江竹亭,廖达海. 一种陶瓷粉体旋转流场式连续混料设备:CN109224981A[P]. 2019-01-18.

3. 已发表相关学术论文

[1] LIAO D H,ZHENG Q,ZHAO Z Y,et al. Numerical analysis on gas solid mixing in ceramic dry granulation room with baffles, IOP Conf[j]. Materials Science and Engineering,2019,479(02):21-28.

[2] WU N X,DENG L J,LIAO D H. Numerical analysis of temperature field in the high speed rotary dry milling process[J]. Materials Science and Engineering Conference,2018:012-078.

[3] WU N X,BAO X,LIAO D H,et al. Analysis of Temperature Field on Ceramic Dry Granulation Machine[J]. Advanced Materials Research, 2014,951:49-52.

[4] WU N X,ZHAN T T,JIANG Z T. The Selection of Ceramic Dry Granulating Machine Spray Device Based on the DPM Model[J]. Applied Mechanics & Materials,2015,716-717:573-576.

[5] WU N X,ZHAN T T,LIAO D H. The Effect of Dry Granulating Machine Spindle Eccentricity on the Granulation[J]. Advanced Materials Research,2015,1094:374-378.

[6] 吴南星,赵增怡,朱祚祥,等. 基于铰刀厚度的陶瓷干法造粒混料过程数值分析[J]. 中国粉体技术,2018,24(01):25-31.

[7] 吴南星,赵增怡,花拥斌,等. 陶瓷墙地砖干法制粉造粒立柱与颗粒均匀度的影响[J]. 硅酸盐通报,2017,36(11):3630-3635.

[8] 吴南星,赵增怡,花拥斌,等. 建筑陶瓷干法造粒过程坯料颗粒含水率的研究[J]. 陶瓷学报,2017,38(03):421-424.

[9] 吴南星,成飞,余冬玲,等. 陶瓷墙地砖干法制粉造粒过程湿含量数值分析[J]. 人工晶体学报,2016,45(10):2536-2541+2555.

[10] 吴南星,成飞,余冬玲,等. 基于 CFD 的建筑陶瓷干法制备过程温度场分析[J]. 人工晶体学报,2016,45(10):2542-2548.

[11] 吴南星,成飞,余冬玲,等. 陶瓷墙地砖干法造粒机主轴偏心率对造粒效果的研究[J]. 中国陶瓷,2016,52(10):50-53.

[12] 吴南星,成飞,余冬玲,等. 陶瓷干法造粒过程温度场对造粒效果的研究[J]. 硅酸盐通报,2016,35(03):837-842.

[13] 吴南星,占甜甜,黄佳雯. 基于 FLUENT 的干法造粒机搅拌器的结构优

化[J]. 中国陶瓷,2015,51(07):32-36.
[14] 吴南星,黄佳雯,占甜甜. 陶瓷干法造粒喷雾装置雾化效果的数值模拟[J]. 陶瓷学报,2015,36(02):185-189.
[15] 吴南星,廖达海,占甜甜. 陶瓷干法制粉机搅拌轴偏心距对颗粒分散性的影响[J]. 硅酸盐通报,2014,33(12):3300-3303.
[16] 吴南星,鲍星,廖达海,等. 陶瓷干法造粒机叶片安装高度对造粒效果的影响[J]. 陶瓷学报,2014,35(04):415-418.
[17] 吴南星,廖达海,肖志锋. 陶瓷干法造粒机的数值模拟及其优化设计[J]. 陶瓷学报,2014,35(01):82-87.
[18] 吴南星,赵增怡,花拥斌,等. 旋转流场式陶瓷干法制粉造粒立柱直径对粉体级配的影响[J]. 中国粉体技术,2018,24(03):34-38.
[19] 廖达海,朱祚祥,吴南星,等. 基于CFD的陶瓷干法制粉造粒室挡板数目优化[J]. 硅酸盐通报,2018,37(05):1667-1674.
[20] 廖达海,宁翔,吴南星,等. 陶瓷墙地砖干法制粉坯料颗粒与主轴转速分析[J]. 陶瓷学报,2018,39(02):207-212.
[21] 廖达海,朱祚祥,吴南星,等. 陶瓷干法造粒过程坯料颗粒成形与雾化液含量的影响[J]. 人工晶体学报,2017,46(08):1442-1449.
[22] 余冬玲,郑琦,邓立钧,等. 陶瓷干法造粒搅拌槽结构对粉体混合效果的影响[J]. 硅酸盐通报,2019,38(05):1442-1447.
[23] 余冬玲,刘子硕,黄韩凌燕. 陶瓷外墙砖干法造粒坯料颗粒与膨润土含量的影响[J]. 中国陶瓷工业,2019,26(01):9-14.
[24] 余冬玲,花拥斌,吴南星,等. 陶瓷墙地砖干法造粒过程坯料粉体成形与造粒室转速的影响[J]. 硅酸盐通报,2017,36(10):3353-3360.